借對手
不要謙卑仰視，要借用神
不要拚盡體力，
要借用腦力 借視

不要討好鐵粉，要借用黑粉

借槓桿 不要
要借

不要突出優點，借偏見
要借用缺點

借智慧

不要自力謀生，要借用萬物

借趨勢

借環境

不要相信永生，要借用輪迴

借雜念

不要⋯⋯，要借用感性

借感性

借定勢 不要創造認知，
要借用認知

對手

借勢

金槍大叔／著

社群時代，
人人都該學的引爆流量法則

借大勢
成大事

序

借勢而起，順勢而為

關於這本書，我在定位上糾結了一段時間，最終想做一本適合新手閱讀的實操書。

至於怎樣做品牌標識、提煉賣點、定位等，那些技巧層面上的東西，市面上已經有很多人講了，如果我再來一本同質性的內容，覺得沒有必要，所以我會盡量實話實話，長話短說，盡量不浪費大家寶貴的時間。

這些年，我在和眾多客戶的溝通中發現，許多人做品牌的思維還停留在上個世紀，依然靠西方的那套傳播理論在做廣告。但時代在變化，廣告、行銷都發生了巨大改變，以前的舊方法跟現在的新媒介產生不了化學反應，所以很多人在操作品牌時自然就會走彎路。

做品牌，其實是一個浩瀚的工程。

以前有一個重要的品牌知識是「先做對，再不同」，但現在很多品牌面臨的危機是：可能做的是對的，卻熬不到出頭之日就做死了。

一般做品牌的常規策略，比如打價格戰、給通路回扣等，這些方法或許也能讓品牌活得不錯，但是你會每時每刻都在擔驚受怕，因為主導權一直掌握在別人手裡，無論你做得多大，終究還是個「商人」。

現在做品牌要懂得如何抓住人性的痛點。

這個時代的廣告，不僅僅要跟競品競爭，還要跟頭條、熱搜、短影音等競爭消費者有限的注意力，因此品牌宣傳必須想盡辦法，快速吸引消費者的眼球，占領他們的心智。

「語言是釘子，視覺是錘子」，品牌如果懂得如何將關鍵語、視覺錘，釘到大眾心中，從市場中脫穎而出，才是成功的關鍵。

我和我的合夥人 BOBO 做了兩個品牌：

一個是 to B 的「紅製作」。在沒有投入一分廣告費的情況下，公司以五個人的小團隊，客單價五百萬元以上，做成了業界效比最高的廣告行銷品牌，這些年陪跑了小米、網易遊戲、BOSS 直聘、鉑爵旅拍、Ulike 脫毛儀、黑白調兒童座椅等一線客戶。創作了「找工作，我要跟老闆談」「高級女人用高級的」「想去哪拍，就去哪拍」「壞習慣一調就好」「頭大聲音好」等膾炙人口的國民級廣告語。

另一個是 to C 的抖音帳號「金槍大叔」。在沒有花一分錢買流量的情況下，只憑一張嘴、幾句金句就塑造了一個「千年一遇的廣告鬼才」金槍大叔形象，以極低的代價擁有了三百萬粉絲，成為行銷網紅，和紅製作互為背書，源源不斷地輸送炮彈。

這些品牌操盤技術，也是後網路時代製造流量、駕馭流量的技術。你擁有了它，會終身受益。

在我看來，順勢而為是雷軍這樣的產業大佬的謙虛，當你擁有足夠資源的時候，當然可以順勢而為，但很多處於起步階段的品牌，必須懂得借勢。

順勢是被動向上，借勢是主動出擊。我想透過這本書告訴做品牌的人，如何借勢而起，順勢而為。

書中幣值皆為人民幣。

02

借萬物
不要自力謀生，要借用萬物

CONTENTS

03

借雜音

不用在意和聲，要借用雜音

04

借感性
不要追求理性，要借用感性

05

借趨勢
不要相信永生，要借用週期

06

借槓桿
不要突出優點，要借用缺點

CONTENTS

07

借對手
不要討好鐵粉，要借用黑粉

08

借智慧
不要拚盡體力，要借用腦力

CONTENTS

09

借偏見

不要尊重共識，要借用偏見

10

借視角
不要謙卑仰視，要借用神之俯視

借定勢

不要創造認知，
要借用認知

01

他腦子裡有什麼，
你就借什麼。

導語：

塑造一個人的人格需要時間，

改變一個人的想法需要金錢。

而時間和金錢恰巧是市場經濟中最寶貴的東西。

一個弱小的品牌往往投入不了高昂的成本，

所以你的每一次品牌行銷，

都應該在消費者心上烙下印記。

他擔心什麼，你就給他什麼！

。

品牌錨點

> **低端的說價格。**
> **中端的說檔次。**
> **高端的說文化。**

如何快速找到一個品牌的錨點？

首先要確定價格。

如果你的品牌價格是走低端，那麼很簡單，在你的定位語裡面加一個「省」字就可以。

如果你的品牌價格是走中端，那麼你可以強調檔次，或者加一個詞——「專業」。

如果你的品牌價格非常貴，那麼你可以突出它的文化底蘊，比如在後面加上「大師」兩個字。火鍋大師、茶葉大師、拖把大師……立刻就顯得高大上了。

注釋：

先確定價格，是節約認知資源的好方法。做品牌就是定價格、貼標籤的藝術。

可以學習一下媒人，她為你做適度的包裝，也盡可能幫助你揚長避短，這就是貼標籤的藝術。這個合理的標籤，就是和品牌相處的起點。

品牌情緒

高端品牌要帶點傷感。
中端品牌要溫柔。
低端品牌要快樂。
初創品牌要先憤怒。

品牌一定要有情緒。

高端品牌要帶點傷感，站在道德制高點上悲天憫人。

中端品牌要帶點溫柔，眼神裡必須是寬容，這樣才能讓中產階層與生活和解。

低端品牌要帶點快樂，樂呵呵的，讓消費者快樂消費。

至於初創品牌，就別玩這套了，要先憤怒，憤怒才是引流的良藥。

注釋：

品牌不能是雕像，不能是難懂的數學公式，它一定要帶情緒。

品牌在某種程度上跟我們一樣，是有血有肉的。高端品牌彷彿是我們星球的主宰，它早就跨越了產品本身，你跟百達翡麗、愛馬仕談實際需求，它會說你俗。那些帶著吉祥話的產品，「王老吉」「旺旺雪餅」……永遠是超市的引流神器。而支付寶的「集五福」，有車一族的「加油用團油，不當冤大頭」，更是在不斷地放大快樂的情緒。

一九八四年，一個憤怒的廣告，將蘋果電腦在全球打出了名聲。前幾年，中國科技企業家羅永浩有樣學樣，砸冰箱，在社交媒體傳播得沸沸揚揚，第二年他就引來了投資，推出了自己做手機的計畫。

品牌關係

> **低端品牌打造的是親戚關係。**
> **中端品牌打造的是朋友關係。**
> **高端品牌打造的是上下級關係。**

做品牌就是搞關係。

低端品牌打造的是親戚關係，上來就拉關係、套交情，打感情牌：都是自家人，賺什麼錢，賠本都給你。

中端品牌打造的是朋友關係，想賺朋友的錢，其實很難，不能貴，還要給面子，鋪墊期特別長。

高端品牌打造的是上下級關係，消費者是下級，品牌是上級，上級說什麼都對。

注釋：

某購物平臺的「幫我砍一刀」「你別不相信，九‧九元搶 XX 還含郵」……這種引流的方法，讓消費者欲罷不能。

想賺朋友的錢，其實也很難，雷軍做小米時就走過這樣的路。二〇一〇年，小米先做 MIUI 內測版，吸引了第一批粉絲，後來再做即時通訊軟體、小米社群，一年半後發表了第一款「為發燒而生」的小米手機，售價一九九九元。這樣的實惠定價，在當時就是為了鞏固朋友關係，賺不到什麼錢。

就像現在很多名牌包和名牌錶，為什麼你去專櫃的時候永遠看不到熱門款？它背後有個潛臺詞：熱門款是留給優質客戶的，普通消費者要買也可以，需要加價配貨。

品牌老化

| 品牌老化之後如何再年輕化？

第一，包裝上擺幾幅漫畫，弄幾個外文符號。

第二，把廣告詞改得叛逆一些，放幾句大狠話。

第三，找個年輕的流量小生當代言。

第四，做聯名，越風馬牛不相及越好。

第五，推出盲盒。

第六，多參與社交媒體，黑粉更有用。

注釋：

品牌就像人，也有生命週期，品牌力老化之後，就得大刀闊斧，從頭再來。

有些外國日用品品牌，曾經風光無限，全方位地承包了從頭到腳，從大人

到小孩，從男人到女人的各類清潔護理用品……

但在近幾年，中國新興品牌花西子、元氣森林、Ulike 脫毛儀……成為中國消費者的新寵兒。

某國民運動品牌，二〇一八年，透過對國潮產品的探索，終於在品牌年輕化的道路上火了一把，其限量款球鞋一度被炒到天價，被網友戲稱是鞋中茅臺。

品牌末期

> **識別品牌老化的三個動作：**
> **一、行銷技術迭代**
> **二、多做幾個版本**
> **三、簡配做青春版**

從核心技術迭代，變成核心行銷技術迭代。產品弱了，但是廣告變強了。

不停地換包裝、換顏色、換材質，多做幾個版本，爭取熬到下一個天才出現。

簡配做青春版，用品牌勢能蠶食競爭對手的市占率。從一線城市開始降價，一直降到六線城市。

注釋：

諾基亞曾經是手機霸主，在智慧型手機出現的時候，就開始亂了陣腳，甚至傳出了「諾基亞以換殼為本」的笑談。摩托羅拉手機也是二十世紀末的頂流，從萬元級別的「掌中寶」，到酷炫的刀鋒系列，在智慧生活時代到

來的時候，連續推出了數款型號。當今的筆記型電腦產業，無論微軟還是蘋果陣營，隨著市場的飽和，遠距辦公的興起，筆記型電腦從外觀設計到功能，都出現了創新乏力的現象。

燃油車也有這個趨勢，某外資汽車企業，一個十幾萬元的車型，做了七、八種品牌，那些新名字連老用戶都覺得陌生。在廣大的三、四、五線城市，用「開不壞」「二手保值」的概念，依然在搶占最後的市場機會。

品牌升級

當你的產品賣不動了該怎麼辦？
一、升級價值觀
二、升級包裝
三、升級代言人

升級價值觀：從為使用而買，到為健康而買，最後到為造福子孫後代而買，你的段位必須比同行高。

升級包裝：商標升級、店面裝修升級，從擬物設計到扁平化設計，審美領先潮流一〇％剛剛好，領先多了就會死。

升級代言人：你的產品沒有老，而是你的代言人老了。鐵打的剛需，流水的網紅，年輕人永遠愛喝糖水，中年人永遠愛喝白酒，老年人永遠愛喝茶。和自然規律鬥，品牌就會死得很慘。

───────────

注釋：

打造品牌就像是玩一款戰略遊戲。創業者就像玩家，要像遊戲角色一樣，逐漸升級品牌的價值觀，升級品牌的裝備。

玩家需要有一個好心態，因為遊戲中的黑粉，還有糟糕的媒體環境，很容易讓人心態爆炸。當一切打理得上了軌道後，就會獲得品牌複利，像是開了外掛，會獲得長期的成就感。

品牌文化

> **低端品牌販賣的是安全感。**
> **高端品牌販賣的是優越感。**
> **超高端品牌販賣的是文化。**

就像中國，五千年歷史，有無數的文化巨人，當你擁有了時間的維度和無數的文化名人，就成了一個巨大的超級品牌。

美國在二十世紀中期以後，雖然經濟上很強大，但是一直沒有文化品牌，於是他們推出了安迪‧沃荷等現代主義藝術家，來對抗歐洲的古典主義。

一個身價百億的品牌站在一個文化巨人面前啥都不是，比如站在貝聿銘面前，很多品牌都將黯然失色，所以很多高端品牌，最後都用文化遺產來擦亮自己。

注釋：

現在很多高端品牌都和世界級的文化遺產進行合作，借勢頂級文化的「流

量」。比如中國國家博物館、故宮博物院就很受各大品牌的青睞；還有世界各大城市的博物館，例如巴黎的奧賽博物館、羅浮宮博物館、倫敦的大英博物館、佛羅倫斯的烏菲茲美術館，已經成了各大商業品牌宣傳品牌高度的新賽道。

品牌價格

> **價格戰的三個錯誤：**
> **一、把價格低當作產品力**
> **二、把服務好當作品牌力**
> **三、把買流量當成影響力**

如果你只會打價格戰，就不要創業了，趕緊懸崖勒馬，今年賠得多，明年賠得更多。

是什麼造就了你現在進退兩難的局面？

靠運氣賺的錢遲早要賠完。你必須重新思考！學會駕馭產品力、品牌力和影響力。

在一個充滿競爭的市場，想要翻盤的三個方法：

一、產品力是裡子

二、品牌力是面子

三、影響力才是票子

注釋:

在廣東有很多成衣工廠,最早都是幫港資企業代工起家的,自己品牌的連鎖店也開遍了全國各地。近十幾年來,隨著歐美快時尚的興起,香港、廣東很多服飾品牌在轉型的道路上,漸漸走上了低價競爭的惡性循環。曾經的八〇後小鎮青年買不起的休閒服⋯⋯現在早已退出了時尚江湖。

電器產品最好的服務就是沒有服務。消費者可以安心享受著它的品質,而不是因為它的品質,需要經常「享受售後服務」。

很多紅極一時的 APP,起初並沒有太多的資金去拉攏用戶,大多數的用戶是靠買流量得來的,來了之後做不了轉化也留不下來,企業還沒有真正做起來時,公司就已經倒了。

品牌檢測

> **你的產品為什麼總是失敗？**
> **送給你一套檢測產品力的工具：**
> **一、你的產品要有社交性**
> **二、你的產品要有知識性**
> **三、你的產品要有娛樂性**

很多老闆覺得自己的產品就是天下第一，任何批評的話他都聽不進去，而創業一次又一次失敗，卻一直找不到原因。

你的產品是否具有「社交性」？沒有社交性，就無法產生「裂變」。如果別人用你的產品都湊不夠九張圖來發朋友圈，把親戚朋友收割一遍，你的生意就可以關門了。

你的產品是否有「知識性」？就是必須有說頭。特斯拉說它的自動駕駛技術，蔚來說它的自動換電技術，小米說它的高性能配置，可口可樂說它的神祕配方……有了說頭，才能鎖定一群非常固定的粉絲。

你的產品是否有「娛樂性」？製造娛樂性是老闆非常稀缺

的一種能力，有很多老闆看不起行銷，但其實行銷力就是最重要的產品力。而行銷的本質就是娛樂，老百姓要吃瓜，所以你必須得有造瓜的能力。

注釋：

北京的環球影城、上海的迪士尼，就是社交性的典型代表。還有二〇二二年冬奧的紀念品「冰墩墩」，經過新聞報導爆紅後，成了全世界的社交談資，冬奧授權廠家根本來不及生產，「一墩難求」。

新疆有一個縣，叫特克斯縣，曾經默默無聞，後來它操作了一個「天山武林大會」，因為概念非常獨特，在網路時代，引發全民關注。

蜜雪冰城，一款非常普通的平價連鎖茶飲品牌，二〇二一年以一首洗腦的「你愛我，我愛你，蜜雪冰城甜蜜蜜」紅遍了全國。

品牌進化

> **做成一個品牌，一定要有四個進化：**
> **一、小眾的東西專業化**
> **二、專業的東西通俗化**
> **三、通俗的東西娛樂化**
> **四、娛樂的東西學術化**

市場上存在著各種各樣的用戶需求，那麼自然就會有專業的品牌去推出這些產品。

小眾產品有著更獨特的產品體驗，即便它們沒有出現在各大電商平臺的熱銷榜上。

注釋：

比如把專業的天體物理知識通俗化，有座不可逾越的山峰，那就是霍金，他是一個具有非凡傳播天賦的人。《時間簡史》《胡桃裡的宇宙》用通俗的語言科普了「時間有沒有開端，空間有沒有邊界，宇宙的起源和歸宿」這些非常深奧的專業問題。

什麼是捷徑？

自己創造體系才是捷徑。

品牌位置

> **心智品牌必須做到的「三個一工程」：**
> **一條朋友圈**
> **一條抖音**
> **一條小紅書**

　　某潮牌美妝，情人節精心打造了一份節日限定禮品套組，結果大部分是被男生買回去送給了女朋友，但女朋友收到禮物後卻都吵著要分手，後來這份禮品套組被笑稱為「分手套組」。女生認為送這樣的禮物，還不如送九百元一張的愛馬仕面膜呢，這樣的產品她們收到後都不好意思發朋友圈。

　　女生的一條朋友圈、一條抖音、一條小紅書是心智品牌必須做到的「三個一工程」。這個潮牌美妝到最後連情人節行銷買流量的費用都沒賺回來。

　　所以說某些潮牌火了之後一定不能飄，要擺正自己的位置，做好心智品牌的工程，不然你的毛利永遠只有一〇％。

注釋：

女性在了解保養、美妝和時尚的過程中，想要深入的討論和分享，就需要一個跟以往的電商平臺不一樣的地方。廣大直男不了解的小紅書 APP，它實質上是一個「虛擬閨密圈」。

品牌品味

> **大眾品牌要做的第一件事就是先活著。**
> **品味是流量的敵人。**

做大眾消費品牌，以當前的階段來說，老百姓都是先吃飽再吃好。

但是有很多老闆誤把自己的品味當成了企業的品味，當成了品牌的品味。

要知道，百分之九十的消費者沒有上過你那麼好的大學，沒有接觸過你那麼高端的圈子。所以我們說，品味是流量的敵人，大眾品牌要做的第一件事就是先活著。

注釋：

前幾年某手機品牌，老闆覺得自己聰明、有品味，其手機卻不能大賣，且屢屢被供應鏈拖累。市場上，水準相近的手機可能有十個品牌，僅僅「有品味」是不夠的。

很多人都覺得某發燒手機不是最好的品牌，但它是第一個把粉絲、性價比、品牌、通路、軟硬體這些元素，按「網路化」的方式整合起來，開創了中國國產手機的新時代。有了品牌積累之後，又成功地拓展了智慧生活產品線，品牌越做越強。

借萬物

不要自力謀生，
要借用萬物

02

每個人都有十五分鐘成名的機會，
有可能是你紅的一次機會，
也就是你終身的信任背書。

導語：

一窮二白，你矮矬窮，你毫無背景……

百分之九十九的創業想法，都死在資源匱乏上，

那麼那些白手起家的品牌是如何起家的呢？

有的靠另一半，有的靠家庭背景，

有的靠人脈資源，有的靠資歷，

有的靠學歷，有的靠智慧……

能靠的就靠，不能靠的就借，

世界那麼大，總有一樣東西你可以借。

借力打力

> **借力打力這種行銷方式，**
> **生活中無處不在。**

借父母的力，借另一半的力，借大公司的力，借資本的力……讓一窮二白的你白手起家。

當你的品牌處於弱勢地位的時候，最實惠、最容易的辦法就是「借」。

啥熱門你就蹭啥，完成低成本的信任背書，而信任背書是品牌起步最為重要的一環。

請注意心法，心態要平，臉皮要厚。

注意手法，貼、靠、要。

貼上去、靠上去硬要，他們不會跟你計較。因為在你之上的人會很寬容，而你也不要怕丟人，因為成功之後你做什麼都對。當然，記得反哺社會，你也可以讓別人來蹭你。

注釋：

借熱點。當你不是奧運的品牌贊助商，你該怎麼辦？在東京奧運期間，很多品牌非常聰明，既有參與感，又拿捏了分寸感，比如「顯示準，才能射擊精準」「每一刻，都是偉大時刻」。

借藝術。威尼斯雙年展這樣的國際級展覽，具有很高的門檻，平行展就是它的周邊展覽，為很多私人機構和藝術家提供了參與機會。還有近年來的維也納金色大廳，更是很多音樂人、演出團體去刷流量的舞臺。還有一條「外國總統合影產業鏈」，專門吸引小商人和小老闆，以「流水線」的模式，每人獲得兩秒與外國總統接近的機會，在小城市，這是社交的重要談資，是捨得花錢、有一定關係的象徵。

當你既沒有錢，也沒有人脈，甚至沒有技能時，你可以考慮當個評論家。所以，很多人在抖音上成了「足球評論者」「影評人」「美食家」「探店達人」。

不打水漂

| 廣告費打水漂，是由產業鏈決定的。

為什麼你的廣告發在朋友圈被點完一圈讚就消失了？廣告費也打了水漂？

這是由傳統的廣告產業鏈決定的。

一、品牌方想要的是賣貨、賺錢

二、廣告公司想要的是創意、得獎

三、製作公司想要的是省錢

四、導演想要的是拍出一支非常厲害的廣告片，講一個非常厲害的故事，努力表現自己講故事的技巧

然而以上這些，對銷售都是沒有用的，在這樣一條各自心懷鬼胎的廣告產業鏈上，會有人對最終的效果負責嗎？

廣告決策靠的絕不是民主投票，而是獨裁創意。

注釋：

以上這些，對提升銷量都是沒有用的，所有人想要的方向都不一樣。品牌就像是一輛車，在充滿競爭的高速公路上，在座的都去搶方向盤，這車就完蛋了。

廣告決策靠的絕不是民主投票，誰最有能力、對這個品牌理解最深，就聽他的。

販賣情懷

> 當你的產品實在沒有什麼特點的時候，
> 我推薦你「情懷三部曲」：
> 一、講前浪的故事
> 二、換復古的包裝
> 三、打造 IP

販賣情懷，很簡單。

其實很多產品跟幾十年前一模一樣，但只要換個復古的包裝，講點有關情懷的故事，立刻就有了風格。

注釋：

前幾年的 XX 鐵鍋，就是蹭著美食紀錄片的熱度，講遵循古法工藝的情懷故事。如今愛好喝茶的人也很多，某國家的鐵壺，就是講這類故事的專家。複雜的鑄造工藝、神祕鐵礦石、大師製作、家族傳承十代人……很多消費者一聽這樣的故事，腦海裡立刻就有了「好茶配好壺」的畫面，馬上覺得手裡的紫砂壺不香了。

這兩年老洋房的仲介們搖身一變，成為「上海豪宅自媒體」，他們透過公眾號、視頻號、抖音……把百年前的前浪的故事，呈現出更多的細節和人文氣息，贏得了不少客戶。

賣點迭代

四招打造產品的賣點：
一、人無我有
二、人想我先
三、人先我響
四、人響我反

人無我有：增加全新功能，或者把性能大幅升級，或者搶先找一個流量明星當代言人。

人想我先：我可以透過優化供應鏈，優化製造工藝，搶先推出新品，搶先發表。

人先我響：在大家營運速度都加快的情況下，就看誰的傳播聲量更大。

人響我反：大家都能想到的事，我們就要逆向思維。

注釋：

你請了一百個網紅拍了兩、三百條短影音，在各個平臺分發，效果並不顯著。可能我找了一個網紅，拍一條影音就能成為爆款，成為全網的熱點。

這幾年大家都減少了出門，很多人在家裡生活、學習、辦公，有些製造業品牌，順應短影音直播的需求，大力開發網紅直播的各類設備，讓企業越做越強。還有的傳統手工藝，比如竹器，既實用，又實惠，激發大家對於田園生活的嚮往，透過短影音的呈現和 IP 打造，這些企業在流量時代，煥發新生。

美人經濟

| 美人經濟的三個優勢：
| 一、讓消費者放鬆警戒
| 二、賣得好的產品一定美
| 三、貴一點，也行

　　你青春的第一道防線，一定是被美人擊潰的。別說你了，
項羽也是，吳三桂更是。

　　那麼，為何大眾對歷史上的美人記憶深刻，而記不住歷史
上的文豪、著名科學家的名字呢？

　　因為美人有三個絕招：

　　美人促使你分泌荷爾蒙和多巴胺，讓你放鬆警戒，乖乖就
範。

　　美人不是意見領袖，而是潛意識領袖，她從基因上統治了
你。

美人犯錯更容易獲得原諒，所以她可以一錯再錯。

所以美人經濟是市場經濟的先鋒隊。直播帶貨、網紅秀場、明星代言，誰沾上了美人，誰就擁有了優先權和支配權。

賣得好的產品也一定是美的產品，產品美、代言人美，才是價值觀美的基礎。

即使價格不太美，用戶心裡也會美，因為英雄難過美人關。

注釋：

美人經濟，是一舉兩得的生意，在這類產品中，不僅女性會嚮往、購買、分享，更有很多男人，會為心中的她購買。

電影學院曾經有一道著名的考題，把「唐宋八大家」全部默寫出來。這道題不知道氣哭了多少文藝青年，把八位歷史文豪的名字全部寫出來，實在很難。沈從文的小說《邊城》，故事你也許早就忘了，但是你肯定記得，裡面有個美麗善良、情竇初開的少女，她叫翠翠。

順手牽羊

被順手牽羊，是客戶的三種福氣：
一、發現周邊價值
二、減少信任成本
三、提供一攬子解決方案

比如娶了老婆，順便把她家的家產也繼承了；去杭州談客戶，順便把蘇州的客戶也拿下了。

做了某公司的洗面乳業務，順便接下了面膜業務。拔出蘿蔔帶出泥，發現一個客戶的周邊價值，是效率最高的方式。

為什麼呢？

第一，老朋友的錢最好賺，肥水不流外人田，錢只是換了一個口袋。

第二，兩次踏入同一條河流，你知道我的高低，我知道你的深淺，試錯風險降低。

第三，修車的都知道，汽車沒有壞就不要去修它，它越修越壞。

注釋：

做業務一定要勤奮，多幾把刷子，藝不壓身。勤奮跑動，會帶來意想不到的機會。

客戶都很忙，企業需要解決的問題很多，向你釋放單一任務需求的時候，其實往往需要得到一攬子的解決方案。

暗渡陳倉

> **廣告業未來只有三條路：**
> **一、做大不如做小**
> **二、做小不如做精**
> **三、划自己的船**

年輕的你如何開啟人生呢？

有很多人非常迷茫，廣告業就是市場經濟的溫度計，我從客戶變化的角度給大家分析一下，未來要怎麼走。

最重要的，做大不如做小，做小不如做精。

十五年前有人選擇進入大公司，有人開個淘寶店鋪，行動網路的激烈競爭給了電商十年的和平發展期。我現在的主力客戶也都是淘寶、天貓的大店主，年收入十億到三十億元。他們都是用自有資金開始大面積廣告投放，資本的錢他們根本不要。另外，幾個億收入的店主太多了。

十五年前進入大公司的人，只有極少數人混出了頭，很多

人四十歲就要進入中年危機，過著上有老下有小的生活，甚至馬上就要面臨職業的第二種選擇。

　　表面上看大船確實風光，但是風光是船長的事，跟你沒有關係，不如很早就開始划一條自己的小船，自己去當船長。市場就像海那麼大，肯定能捕到魚，捕到多少都是自己的，肯定餓不死。而且是在小市場，大巨頭根本不會跟你搶飯吃，你會贏得寶貴的生存空間，這個戰術不就是暗渡陳倉嗎？

注釋：

大公司很風光，收入有一定保障，但不見得是一個終身的飯碗。近年來很多大型網路公司，裁員風波不斷。很多人從崗位上走下來，年富力強，卻很難迅速找到另外一條路。如果在市場中早點發現縫隙，早點做創業規畫，或者到三、四、五線城市去創業，降維打擊，也許是一個機會。

傳播大師

成為傳播大師，只需要借助四點：
一、痛點
二、笑點
三、淚點
四、尿點

不能少了痛點，少了痛點就像失去了和觀眾溝通的橋梁，你和觀眾就成了牛郎織女。

不能少了笑點，少了笑點你就無法影響這個世界上的大多數人。笑聲的傳染力，要大過世界上已經存在的任何一種病毒。

不能少了淚點，少了淚點就不能帶領觀眾進入情感噴發的高潮。讓他哭的人，才是他生命中最刻骨銘心的人。

不能少了尿點，少了尿點觀眾會感覺太強烈，受不了，過猶不及。尿點是高潮過後的賢者時間，是拿捏觀眾的欲擒故縱。

注釋：

很多電影在一開頭，馬上讓主角失去摯愛，讓觀眾為他的命運痛心。金凱瑞、周星馳、卓別林、沈騰都是笑點大師。張柏芝在電影《喜劇之王》裡，在聽到「我養你」後，坐著計程車，一路上哭得稀里嘩啦，小人物的愛情讓觀眾感同身受。

傳播最忌一個節奏，近年的漫威電影，炫酷的戰鬥從頭打到尾，到處都是高潮，觀眾已經審美疲勞了。

無須廣告

> 有一種企業是不需要打廣告的，
> 它的名字就是廣告。

這種企業非常可怕，它的 APP 開啟率非常高，每個人每天至少都要開啟一次。所以當這樣的企業來找我做廣告的時候，我肯定拒絕，因為它不需要做廣告。

某外送企業，幾萬名外送人員遍布中華大地，每一個人都是一塊廣告牌。這種企業想做酒旅，就能把酒旅做到第一；想做生鮮，就能把生鮮做得很大。這種企業的市場部有用嗎？有用，做做維護，別添亂就行。

注釋：

那些國民資源型企業和某些網路大廠有非常高的品牌識別度和傳播到達率，就像太陽每天照常升起，充分滲透到了各類應用場景。

情緒張力

> **廣告要傳播的不是真相，是情緒。**
> **行銷力是引導情緒的能力。**

經濟和知識一樣，是從高處流向低處，但是流量不一樣，流量是從低處流向高處。

以前只有知識分子才有投票權，現在每一個老百姓都有投票權，誰掌握的鍵盤多，誰就擁有話語權。

你的行銷素材被每天的熱點清零，而熱點之所以是熱點，是因為老百姓的感性在起作用。

廣告要傳播的不是真相，不是真理，而是一種情緒。行銷力就是一種引導情緒的能力，引導流量從低處流向高處。

注釋：

廣告的真相，是品牌，是價格，是產品的功能、參數、技術、特點。做廣告就是引導情緒，帶動消費者潛意識的藝術。

扎心扎錢

> 品牌行銷的生與死。
> 生於拉新，死於留存。

我經常問一些老闆，我們這次做廣告的目的是什麼？

有些老闆會說，我要讓我的老客戶感受到溫暖。

呸！品牌行銷的作用就是拉新，引來新客戶。

生於拉新，死於留存。

留存的事情應該交給產品，產品打點折，給老客戶一些優惠，使用者就回來了，但是產品不好，使用者轉頭就走。

行銷是拉新好，還是留存好？

一些所謂的扎心廣告，目的是去做老客戶的情感共鳴，純粹是浪費錢。

做品牌的前提主要是賺錢，扎完錢就能扎心，扎不到錢就

扎不到心。

注釋：

做廣告，就像一個人不能同時踏入兩條河流，既要照顧老客戶的心思，又要吆喝引來新客戶。

一些所謂的扎心廣告，導演主要是想完成自己拍故事的欲望，借助廣告練習拍電影的手藝，再加上企業的傳播部門、營運部門，突然洋溢出文藝情懷，然後廣告公司跟企業傳遞的思路是「本次的策略，我們打算去做老客戶的情感共鳴」。

借雜音

不用在意和聲，
要借用雜音

當你想討所有人喜歡的時候，

就失去了風格。

導語：

心理學有個很重要的理論：

「選擇性忽視」是人類的自我防禦機制，

個人不可能同時注意所有呈現的刺激，

總是有選擇地注意某一刺激，

而忽視同時呈現的其他多種刺激。

這也就是為何同時做廣告，

只有很少部分有效的原因，

人們往往對已經熟悉的事物選擇性忽視。

跑調的歌手，更容易獲得注意力。

以弱勝強

> **小企業如何在夾縫中求生，三個體會：**
> **一、找到自己的戰場**
> **二、在小戰場上集中優勢兵力**
> **三、小勝變大勝、量變到質變**

如何走出第一步，這是創業永恆的話題，也是核心戰略。

我們剛剛開始創業的時候，也只是成立了一家非常小的廣告公司，卻要面對傳統 4A 廣告公司這麼強大的對手。那時行動網路剛剛開始興起（二〇一一至二〇一三），有大量的發表會需要影音拍攝，我們就以發表會作為突破口，集中優勢兵力，在局部形成以大打小、以多打少的布局。

長時間下來，當我們有了足夠的成功案例，就可以影響春晚的廣告主，這樣我們公司連續八年，成了春晚廣告主的合作夥伴。

在傳統 4A 強大的時代，我們這樣的小公司肯定是完全沒有機會的。資本為了安全，也一定會以多打少、以大打小。需

要做廣告的公司寧可浪費也要有安全感，靠燒錢也要燒出護城河，而大型廣告公司就是為了滿足安全感而生的。

所以，當你的企業處於弱勢，首先要找到自己的戰場，其次是在這個小戰場上形成以多打少、以大打小的局面。在一個很大的戰場上，你想要以極少的兵力來作為槓桿打贏戰爭，幾乎等於做夢。

注釋：

《論持久戰》理論，同樣可以用於指導創業。當你的企業處於弱勢，首先要找到自己的戰場，其次在這個小戰場上，形成自己的優勢，並且強化它。

你有了戰果，量變到質變，就能跨越敵人的護城河。

無須定位

| 年銷售一億以下的品牌不需要定位。

別被定位耽誤了，或許你不需要定位。

年銷售一億以下的品牌不需要定位，只需要定價。

品牌只分兩種：實用性的品牌和不實用的品牌。

不實用的品牌價格定得高高的，因為價格高才是護城河。讓人感覺錢很卑微。不實用的品牌就是讓消費者伸手摘星，不會滿手淤泥。

實用性的品牌，兩個字——「低價」。管理好消費者的期待值，讓他感覺錢花得很聰明就行了。

注釋：

很多品牌，都被定位耽誤了。一些知名品牌，長期在不同的定位間搖擺，品牌傳播的力量被不斷浪費。

在流量時代，定位往往好比刻舟求劍，等你定清楚了，機會早就過去了。初創期的品牌，應該做好產品力，在成長中慢慢找到方向，再談定位的問題。

客戶紅利

> **如何吃到客戶的成長紅利？**
> **用投資思維來做客戶，**
> **客戶成長的紅利才是我們的複利。**

　　假如每個新客戶收五百萬元的費用，想賺五千萬元就得服務好十個客戶，那就累死了。

　　每個新客戶都要磨合，磨合的過程就像落入了痛苦的深淵，因為每個新客戶都要重新培訓。

　　但是做好一個老客戶就不一樣了，服務好他，扶他上路就能吃到他的成長紅利。

　　可能第一次累一點，一年收他五百萬元，五年後他上市了，你就能收他兩千五百萬元了。

　　而這個服務策略你只需要做一次，後續的服務只不過是維護、修訂。客戶也很開心，因為是分期付款，降低了他們的財務壓力。

這也是我們一個月能做三個客戶的原因，兩個老客戶加上一個新客戶。如果每個月都要做三個新客戶，以我們公司現在幾個人的規模根本不可能做到。

　　所以呢，一定要用投資思維來做客戶，客戶成長的紅利才是我們的複利。

注釋：

客戶就是信任，客戶就是成交，客戶就是長期關係。

老客戶減少了溝通成本、信任成本。所以，把每個新客戶用心服務好，讓新客戶得到超值服務，才是得到老客戶的關鍵。

脫離群眾

> **小眾的兩個缺點：**
> **一、小眾就是脫離群眾**
> **二、小眾就是 to 有錢人**

　　品味就是小眾，小眾就是脫離群眾。脫離群眾也賺不到錢，賺不到錢，就買不了好的東西，買不到大的房子，最後小眾的人只能自動聚集到一起，互相抱團取暖。

　　那麼小眾有出路嗎？小眾只能 to B，to 有錢人。小眾就是用技術人為地製造一個壁壘，去賣出更高的價錢。

　　如果你創業做的事，又小眾又便宜，那你就完了。

注釋：

小眾意味著個性、風格。可是這類產品，只能小量生產，專業化、個性化、訂製化，規模上不去，也就推廣不到更多的人群。世界上畢竟還是普通人多，眼裡瞟著小眾產品，兜裡的錢還是只能買大眾的東西。

品味是流量的敵人。

居安思危

創業一定要具備兩種思維：
一、投資思維
二、做新客戶

不做一根繩上的螞蚱，做接案公司一定要居安思危。

投資思維：你每做一個新客戶都是對自己未來的投資，只有把這個新客戶做好了，下一個客戶才會漲價。而且現在資訊發達，產業透明，好事不出門，壞事傳千里，你做得不好，老闆圈知道你能力不行，那他們一傳十，十傳百，你的公司就完了，所以說選擇客戶非常重要。一個新客戶不但占領了你的時間，還占用了你很多精力，如果說你幾個月的時間投入進去，做出的案例最後沒有價值，幫不到企業，那就說明你的投資失敗了。

做新客戶：根據現在中國主力推動內循環的經濟政策，一定會誕生很多新的品牌、新的國潮，中國有很多產品都值得再做一遍，會湧現出很多賽道的尖兵。這時候不選擇去做這些新

客戶，而去做那些超大型企業，甚至委曲求全，去答應這些超
大型企業的各種苛刻條件，去做它們的供應商，不但剝奪了你
的毛利，還剝奪了你的未來。

注釋：

外資巨頭們很多時候就是在「以資本換市場」，比如，你做某北歐家居大
牌的供應商，就失去了成為家具名牌的機會；你做某外國服飾品牌的供應
商，就做不成自己的設計師品牌；你與外國日用品公司合資，人家最後很
可能把你的商標冷藏了。

初創客戶

| 莫欺少年窮。

要不要接初創客戶的生意？

我們在二〇一三年接觸小米的時候，小米的員工還在卷石大廈裡辦公，走廊上擠得到處都是人，一看就不像是一家正經公司。我們被雷軍的宏大願景感染了，被黎萬強對創意的信任感動了，於是團隊經過短短十餘天，策畫拍攝了《一百個夢想的贊助商》，大放異彩，後來一直順利承接了小米很多的傳播任務。小米經過十年的發展，已經成了世界五百強。我們也透過和小米的合作，認識了很多著名的企業家。

二〇一五年，我們接觸 BOSS 直聘的時候，BOSS 直聘的員工在一幢別墅裡辦公，只有幾百人，看起來特別山寨。我們和 BOSS 直聘的創辦人，一起推出了極具傳播力的品牌口號：「找工作，我要跟老闆談」，這句話，直接顛覆了招聘市場的格局。幾年過去了，BOSS 直聘已經成了招聘產業的龍頭企業，並且成功上市。

剛剛接觸鉑爵旅拍的時候，鉑爵旅拍也還是一家廈門本土的小公司，有人很懷疑地說，這家婚紗攝影公司怎麼能拍得起廣告呢？我們當時敏銳地發現，這是「旅拍品類」的空窗期，錯過了就再也不會來。我們用「想去哪拍，就去哪拍」，講清楚了跟傳統照相館的差異化，搶占了旅拍這個差異化心智位置。幾年過去了，鉑爵旅拍的業務已經遍布全球。

　　當你有眼光和魄力，跟這些剛起步的公司合作，你就一定會吃到它們的成長紅利，這種成就感是與大公司合作體會不到的。

注釋：

任何品牌都不是天生強大。蘋果電腦是在車庫裡誕生的，美的家電最早是個街道企業，大疆無人機最早是在住宅區裡研發的……有勇氣和初創品牌合作，不在乎眼前的得失，就是對未來的投資。

價值策略

把產品賣出更高價錢的三個方法：
一、製造稀缺
二、術語賦能
三、廣告代言

　　製造稀缺：饑餓行銷，即使排隊你也買不到，店裡空著也不讓你進。

　　術語賦能：把低價商品說成是祖傳的，把專業術語包裝成科技術語。

　　廣告代言：多找點代言，代言人的身價越高，價格空間就會越大。

注釋：

饑餓行銷，或許令消費者討厭，但是確實屢試不爽。因為在稀缺面前，消費者都有強烈的渴望，即使在他的生活中並不需要。

廣告代言，雖然不是新鮮事，但暗示了企業的實力和資本。如果請的代言人，消費者第一時間就能識別出來，就節省了與消費者的溝通成本。

打造備胎

｜ 想事業常青，你打造備胎了嗎？

做任何事一定要有備胎。

我們的職業生涯和事業曾經有過很多次危急時刻，當年樂視要花幾百萬把公司買斷，當然還加了很多股票，我們都拒絕了。因為我們知道，一旦被綁定，相當於放棄了其他的機會。

當年我們為了事業保險，除了做手機以外還做遊戲客戶；當遊戲客戶做好了以後，我們為了事業保險，還做了很多 APP 的垂直客戶；後來，為了跟廣告業的風險對沖，又打造了自媒體帳號──金槍大叔。

在這個千變萬化的時代，好處也不可能讓你一個人都占到。有了備胎，我們的創意更加大膽，更加不在意一城一池的得失。風口一轉，備胎隨時可以轉正。

注釋：

廣告業高度依賴整體社會的經濟發展，高度依賴客戶的經營狀況。如果客戶的產業出問題了，或者面臨疫情這樣不可控的情況，我們作為下游產業，就會遭受巨大的影響。安全感不是別人給你的，是靠自己營造的。

訂金為王

│ 不交訂金肯定做不成。

　　我曾經參加過一個買房團，交了一萬元訂金。他們服務特別好，全世界各種房源都推薦給我。但若是不交訂金，他們可能都懶得搭理你。

　　我作為曾經的文藝青年，臉皮特別薄，客戶要跟我聊天，我都拉不下臉，別說訂金了，首款我都不好意思提。

　　經過買房團的經歷後，我發現想要做成，必須得收訂金。剛開始可以收少點，但是必須得收。後來有些客戶以各種藉口不想交訂金，我們一概都拒絕了。

　　按我們的經驗來說，不交訂金的生意肯定做不成。把有限的精力投入到交了訂金的客戶身上，他們得到了好的服務，我們也減少了浪費，進來的客戶百分之百成交，這樣就形成了良性的循環。

注釋：

二〇二二年的春節檔電影《奇蹟·笨小孩》就是一個「不交訂金肯定做不成」的例子。易烊千璽飾演的男主角，為了接到手機大廠的零件回收業務，答應了資本家的殘酷條件。他的小工廠，沒有收訂金，創業舉步維艱，數次走到了倒閉的邊緣。

要有底線

> **創業要有底線，四種老闆不能合作：**
> **一、上來就說自己有多厲害的**
> **二、談話用詞很華麗的**
> **三、問我們都有什麼作品的**
> **四、不交預付款就想試用的**

上來就說自己有多厲害的，這種人聽不得別人意見，老子天下第一。

談話用詞很華麗的，這種人很自戀，預算不足還要繞彎子，總覺得自己才華大過天。

問我們都有什麼作品的，說明這人對供應商不做調查，辦事不嚴謹，下面人辦事他也不信任。

不交預付款就想試用的，想想勞斯萊斯、灣流飛機，會不會給你試駕機會？

注釋：

賈伯斯的「現實扭曲力場」，不是證明你多麼自信，而是體現在要想非常成功，你需要比別人更專業。專業才是扭轉戰局的關鍵。

抓回頭客

抓回頭客的五個方法：
一、不簽長期合約
二、不給客戶回扣
三、多批評客戶
四、做客戶的老師
五、直接跟老闆談

我們每年大概要服務三十個客戶，其中七成是回頭客。

不能簽長期合約，這樣每年都可以隨時漲價。

不要給客戶回扣，給了回扣就有了原罪，對話機制就不平等了。

一定要多多地批評客戶，因為客戶身邊拍馬屁的人比較多。

這個世界變化很快，很多理論都在實踐中不斷進化，觀念一定要走在客戶的前面，要做客戶的老師。

永遠要直接跟老闆談。我們和很多大公司都有長期的合作，小米八年、網易六年、新氧三年、BOSS 直聘六年。鐵打的營盤，流水的兵，時間久了，你可能比老闆更了解他的企業。

注釋：

和回頭客的關係，就像是建立了一段情感和信任關係。

這段關係不是一味付出的感情，也不是高高在上的主管和他的下屬，更不是奉承拍馬的小弟和他的老大。自己要不斷了解對方，洞察對方的產業，要有能力在市場變化之前，發現客戶的問題和機會。

客戶找你，你要有能力做品牌的醫生，做客戶的老師。

乾柴烈火

> **很多年輕的創意人，失去了兩樣最寶貴的東西：**
> **第一是憤怒**
> **第二是貪婪**

沒有憤怒，就無法否定權威。要知道，很多權威創造出來的理論，在誕生時就已經過時了。

沒有貪婪的生物是沒有任何感染力的，你仔細看看祖克柏、馬斯克的眼睛，他們的眼睛裡充滿了貪婪。

如果說憤怒是乾柴，那麼貪婪就是烈火。乾柴遇烈火，還缺一股風，這股風也是創意人最寶貴的東西。

注釋：

無論是九○後還是○○後，很多年輕人被消費主義和現實矛盾裏挾，缺少父輩敢打敢拚的創業精神。擁有平和的心態，可以是淡泊名利的文藝工作者，也可以是小眾藝術家，但是他們都缺少直擊社會和人心的力量。

沒有憤怒，
就無法否定權威。

挑選客戶

> **創辦人的三個危險信號：**
> **一、創辦人當眾哭了**
> **二、創辦人要賣房支持公司**
> **三、創辦人頻頻露臉**

如果創辦人出現以下三個行為，大家就要十分小心：

如果創辦人當眾哭了，那就說明他是個文藝青年，公司快倒了。

如果創辦人要賣房支持公司發展，說明他不會算帳，並且一意孤行。

如果創辦人頻頻露臉，十分高調，那就說明這家公司缺錢了。

注釋:

很多人說,投資就是投人。創辦人的為人、能力、資源、情商,都是投資人特別看重的地方。有時候,看公司財報如同霧裡看花,畢竟財報也有造假的可能,但是仔細看看創辦人的實際行動,他最近幹啥了,你就能分析得比公司財報還靠譜。

至暗時刻

> **至暗時刻，是每個品牌最為寶貴的品牌資產。**
> **它為品牌帶來三個價值：**
> **一、情感溢價**
> **二、鍛鍊組織**
> **三、優化成本**

許多知名品牌都經歷過至暗時刻。

馬斯克的火箭炸到快破產，小米二〇一六年銷量滑鐵盧，賈伯斯被自己挖來的人趕出蘋果。

老百姓不一定會為你的強大鼓掌，但是一定會為你的悲慘落淚。相比品牌發展得順風順水，老百姓更加期待逆風翻盤、王者歸來的故事。

至暗時刻是每個品牌最為寶貴的品牌資產，它為品牌至少帶來三個價值。

情感溢價：據調查，二〇二一年中國網路用戶初中畢業者

占到六〇％以上，這部分人更加感性，更加抱怨命運的不公，同為弱者，更容易產生共情心理，容易變成你的鐵粉。

鍛鍊組織：外部矛盾強烈的時候，內部矛盾一定會被放大，這個時候你會發現組織內的軟弱者、兩面派。最低潮時，人性的弱點就會全部暴露，這些人可以說是後患無窮。至暗時刻就是試金石，可以將他們及早發現，及時地清理出隊伍。

優化成本：每當品牌高速發展的時候，就是各項成本激增的時候，老闆想管也管不了。賺的錢多，花的錢更多。至暗時刻，步子慢了，那些冒進花錢的地方就暴露了，非生產力部門的開銷，就可以一律砍掉。

所以說，每個品牌都應該找到自己的至暗時刻，如果實在沒有，可以自己創造一個。

注釋：

沒有任何企業想遭遇至暗時刻，但只要是企業，就會面臨經營風險。

中國各大房地產企業的日子在近年無比暗淡；疫情這幾年，航空業、旅遊業、電影業都遭遇了至暗時刻。至暗時刻，只要能挺過去，就會涅槃重生。

借感性

不要追求理性，
要借用感性

04

廣告決策靠的絕不是民主投票，

而是獨裁創意。

導語：

預算不足，才是理性的。

預算足了，買什麼都是感性的。

當消費者掏出錢包來購買的時候，

他的預算一定是足的。

這個時候，衝動戰勝了理智，

感性戰勝了理性。

如何取名

好名字就是錢！
能讓你省幾億的廣告費。

名字等於品類：鉑爵旅拍、淘寶、王老吉。

名字等於賣點：白加黑、小罐茶。

名字等於優點：安爾樂、美加淨。

名字等於心智：可口可樂、雲南白藥。

名字等於 APP：BOSS 直聘、美團。

接下來，再給大家分享三個案例。

Ulike 脫毛儀：Ulike 其實不是一個好名字，我們把這個產品的特性「藍寶石」放進去，變成了 Ulike 藍寶石脫毛儀，占有了「高級」這個心智。二〇二一年，其市占率從三〇％升到

五五％，打爆了整個市場。

黑白調兒童座椅：「黑白調」聽起來跟兒童一點關係都沒有，我們就賦予它一個可愛調皮的熊貓形象，借用熊孩子坐不住、愛亂動的特點，借力打力。二○二一年的天貓雙十一，該品牌在同類商品中銷量第一。

唱吧 K 歌寶：我們接到這個案子後，做的第一件事就是幫它改名。之前的名字叫作「唱吧小巨蛋」，在傳播中，必須加一句「能 K 歌的麥克風」，傳播成本極高。我們決定改成「唱吧 K 歌寶」，老闆糾結了一個月，最後還是改了。現在「唱吧 K 歌寶」完全占有了 K 歌寶這個品類，讓競爭對手無路可走。

好名字會讓你的品牌越做越省力，而壞名字會讓你越做越想抽自己耳光。

注釋：

好名字是品牌的起點，它是有效傳播的鑰匙。

有些老闆給自己的品牌起名過於晦澀，會發現，每次傳播起來都特別費勁，總是需要解釋。品牌慢慢做起來後，還需要再改名字，整個品牌需要重新對大眾建立認知，浪費就太大了。

爹味十足

為什麼你寫的文案總是爹味十足，火不了？

有很多廣告文案看起來爹味十足，其實不是文案寫得不好，而是寫文案的人太老了。

像七〇後、八〇後的很多廣告人，特別擅長運用邏輯對比、賦比興、排比、暗喻這些文案技巧去影響消費者，在消費者面前顯示自己有多聰明。

這是七〇後的成長特點決定的，因為早期的時候，我們的資訊是非常匱乏的，所以那時候許多人擅長主動學習，渴望新知識，在獲取新知識時更加積極。

但新一代人不一樣，新一代人獲取知識是被動的，新資訊時代它是投餵式的。就像一個港姐說的，她從來沒有主動追求過別人，都是別人來追求她。

年輕人需要的不是苦口婆心去教育他，他更多的是需要秒懂，一句話就能讓他秒懂。

只有瞄準年輕人的文案，才是這個時代最省錢、最有效的文案。

注釋：

新一代人獲取知識，更依賴小圈子的社群文化。

傳統的圈子，現在叫國學；把國學變為商品，就叫作「國潮」；還有各類興趣愛好的社群，比如二次元、線上遊戲、人物模型……現在的文案，與潮流文化、各類新經濟結合更加緊密。

有時候，一個遊戲裡面的暗語、幾個小紅書裡面的分享關鍵字，就是能夠撩動目標消費者的「通關密碼」。

潛臺詞

┃ 你的廣告詞都寫錯了！

厲害的廣告詞不僅僅要對，還要用潛臺詞重新定義產品和使用者的關係。

「找工作，我要跟老闆談」第一次在招聘產業中，把求職者放到了主動地位，拍了用戶的馬屁。以前某些招聘網站的廣告詞像是施捨，「用了 XX，你可以加薪三〇％」，這種口氣讓人很不舒服。

「找工作，我要跟老闆談」這九個字，讓品牌每年的用戶翻倍，該企業僅用了五年時間在納斯達克完成上市，目前市值超過百億美元，是其他所有招聘 APP 市值的總和。

還有「高級女人用高級的」。一般正確的廣告詞只會說「無痛脫毛，一週見效」，所謂的解決痛點承諾。這類承諾在資訊的海洋中是無力的、疲軟的、毫無才華的，而「高級女人用高級的」背後啟動了用戶追求美好生活的行動力，所以這家脫毛儀公司的市占率從三〇％成長到五五％，只用了四個月。

所以說，廣告詞不是追求正確的藝術，而是挖掘潛臺詞的藝術。

你做得越正確，廣告就越沒有效果。

注釋：

太多的廣告詞，恨不得把企業家的訴求、產品的全部賣點都堆上去，結果廣告詞變得特別臃腫，消費者還懶得去記。還有的廣告詞不知所云，講的是老闆的個人情懷，而不是消費者的潛臺詞。

廣告詞寫對很容易，但它只是把水溫燒到了九十度，挖掘出潛臺詞，才能達到最後的一百度。

文案段位

> **文案水準的四個段位：**
> **一、打鐵段位**
> **二、青銅段位**
> **三、白銀段位**
> **四、黃金段位**

最低的是打鐵段位，這種文案往往人云亦云，產出以搬運為主。這種人很容易被人扒出來，一般情況下是顏值大於才華，粉絲來看的是臉，不是才華。

高一點的是青銅段位，來料加工，這種文案隱蔽性很強，不是鐵粉不容易看出來搬運，素材產出也很快，極其善於鑽研，就是以變現為目的。

再高一點的是白銀段位，從無到有，這是抖音最寶貴的財富。辛勤得像螞蟻一樣工作，創造出無數原創內容，有旺盛的生命力，這種人有精神潔癖，其實火不火不重要，最重要的是一種自我實現的成就感。

最高的是黃金段位，這種人信口開河，指鹿為馬，說什麼都有道理，說什麼都極其具有蠱惑性。他信手拈來，早已超越了網紅，其實已經不想變現，已經跳出了短影音的遊戲規則，這種人歷史是要給他留位置的。

注釋：

短影音時代，在某種程度上成了段子手的文案大賽。

做短影音的大多數人，以抄襲和套用為主。看似人人都會寫字，但寫出精彩文案，是需要才華的，要有對社會趨勢的理解、對生活和人心的洞察，以及精練的文字表達能力。

個體宣言

> 為什麼你寫的廣告詞總是出不了圈？
> 因為你老想站在上帝視角，
> 去代替一個群體說話，
> 往往這樣說話，說的就不是人話。

當你代表一個個體去發聲的時候，比如說「我要賺錢」，這就是一個個體的聲音，但這句話卻又是群體意識，不是一個鮮明的個體意識。如果換成「我要站著把錢掙了」，這就是個體意識了。

所以大家不要看廣告書，廣告書是事後諸葛，總結的是一個群體的經驗。應該去學編劇，編劇教會我們如何講故事，如何去塑造一個有血有肉的人物，當這個人物很豐滿，他講出來的話就可信。

其實我們的廣告詞就是故事的主人公在為自己發聲，當他真實地喊出了自己內心的獨白，當你的廣告詞寫出了個體宣言的感覺，你就一定會贏。

注釋：

廣告詞，一定是出圈的藝術。如果你的廣告詞只停留在本單位被員工們背誦，只是印在產品上被消費者無視，走在街上沒人議論，更沒人罵，那你所做的工作就白費了。

一言為定

怎樣寫出一句非常厲害的廣告詞？
只要滿足兩個維度：
一、封殺品類
二、熟悉又陌生

第一，什麼是封殺品類？就是在你說出這句話的時候，你的競爭對手沒有辦法再說了，比如「找工作，我要跟老闆談」。

第二，這句廣告詞必須讓人感覺既熟悉又陌生。熟悉就是你的廣告詞必須是基於一個常識，基於一個普遍的洞察，比如，找工作的時候跟老闆談很快，這就是一個基本常識。陌生，就是這句廣告詞是第一次被拿到檯面上來講，所以你覺得它很陌生。

注釋：

最狠的廣告詞，就是徹底封殺了賽道，讓別人無路可走，比如「人頭馬一

開，好運自然來」，在葡萄酒、白蘭地這個賽道，其他品牌就沒辦法再講好運、吉利了。而這是東方人最喜歡的好彩頭，逼得對手只能往家族傳承、貴族風範那些路線上去擠。

預算不足

｜ 預算不足的企業怎麼寫廣告詞？

　　一般預算不足的企業，都處於剛開始創業的階段，所以廣告詞一定要寫得非常樸實。

　　首先，要找到一個能夠封殺對手的點，找到你這個產業、這個品類的潛規則。

　　其次，否定它。

　　因為多數人的大腦是非常簡單的，就是一個二元世界，非大即小，非黑即白，喜歡用二元論來看待世界。

　　二元論二分法，是傳播產業的絕密心法，某團購網站把世界分成貴的和便宜的、某外送平台把送餐分成快的和慢的、某招聘公司把面試分成跟老闆談和跟小兵談……

注釋：

二元論二分法，源自哲學，在品牌傳播產業，也屢試不爽。

搞廣告和傳播，要懂哲學和心理學。

會講故事

> **品牌就是講故事。**
> **寫出一個品牌故事只需要三步：**
> **一、賣慘**
> **二、絕處逢生**
> **三、大愛灑向人間**

寫出一個品牌故事只需要三步。

首先一定要賣慘，越慘越好。比如，許多工程師的頭髮都掉光了，有一名工程師，拜訪了無數名醫，頭髮就是長不出來。

其次就是絕處逢生。突然有一天，一個老者給了他一貼祕方，他透過一個化學家找到了答案。

最後一定要不惜代價地分享，將大愛灑向人間。

所有的故事都離不開這三個套路，不信你以火鍋為題，按照這個套路，幾分鐘就能寫出一個品牌故事。

品牌故事，在某種程度上跟電影劇本的套路很像。開頭就是一個重要事件，倒楣一點、慘一點、悲痛一點都可以，吸引觀眾進入情境；再來就是主角的奮鬥過程，遭遇至暗時刻；最後的結局一定是光明的，符合老百姓對美好生活的嚮往。

都是影帝

| 想做一個成功的商人，必須是一個影帝，
| 能夠自由駕馭各種角色。

遇到大人物，能夠放低姿態；

遇到小人物，能夠和藹可親；

遇到想用的人，恭敬謙卑；

遇到對手，笑裡藏刀。

你的角色切換能力越強，你就越成功。

注釋：

商人面臨的壓力挺多：資金上的窘迫、生產上的困境、輿論上的壓力、管理上的難題、和各級部門打交道……需要打開心胸，隨時駕馭各種角色，解決各種複雜問題。創業階段，會遭遇很多困難。某位明星曾說過，當你成功以後，身邊全是好人。

情商高低

｜ 做人一定要高情商嗎？

預算不足才需要高情商，需要討好別人，就像一些低端品牌天天琢磨用戶的喜好，這是沒有實力的體現，是一種無能的卑微。

高情商的背後是失去尊嚴，是用低段位無情地競爭。

你看一些產品力強大的品牌、實力強大的個體，根本不會去討好你，反而從智商上碾壓你、藐視你，你還會去購買它。

注釋：

品牌的強大不是靠便宜，而是靠產品力，靠自身的實力營造出購買欲望。

古典英雄

┃ 東西方的古典英雄人物有何區別？

第一，西方的英雄是個人主義，可以貪功，集榮辱於一身，最後一定要抱得美人歸。東方的英雄是集體主義，不能貪功，成功以後一定要功成身退，不退說明格局還不夠。

第二，西方的英雄不能死，要死就死男二，看中的是當下。東方的英雄可以成全別人，關鍵時刻可以為理想而死，看中的是墓誌銘。

第三，西方英雄開疆闢土，所以高大威猛，爭奪的是新市場。而東方英雄，內斂含蓄，彰顯東方智慧，爭奪的是既有市場，更講究運籌帷幄。

注釋：

做企業，得看看當下和歷史，得了解東方與西方。東西方的企業家，思維方式是不一樣的：東方的企業家，在乎自己的形象、歷史地位；西方的企業家，更在乎現狀，在乎自己的利益。

想要一個品牌夠立體，
陰影的面積要夠大。

以貌取人

｜ 為什麼談生意一定要面試老闆？

在決定領導力的因素中，排名第一的因素其實就是長相，長得像領導者，才是最重要的領導力。

排名第二的因素是聲音，說話聲音像領導者，是僅次於長相的領導力。

排在後面的因素是聲望、背景之類的。

而真正和領導力相關的理性因素，比如推理能力、判斷力、系統思維能力，都排不到前面。

舉個例子，一九六〇年，尼克森和甘迺迪進行電視辯論，競選美國總統。看電視的人普遍認為甘迺迪會贏，因為他長得更像領導者；而聽收音機的人普遍認為尼克森會贏，因為他的聲音更像領導者。由於看電視的選民比聽收音機的多，甘迺迪最終贏得了大選。

選民選擇甘迺迪主要憑直覺，領導者是什麼樣子，選民根據自己的經驗形成了大致的印象，這就是人類在進化過程中優勝劣汰留下的生存本能。

記住我們的話，第一眼讓你不舒服的人絕對不能合作。

注釋：

某位網路大佬，大學落榜後，年輕時曾去肯德基應徵，也曾夢想當員警，都因為外貌特徵遭拒絕。人不可貌相，但在某種程度上，領導者的相貌和外在，會給企業的形象加分，尤其是金融、文化、娛樂、網路等產業。

角色滲透

| **創辦人的角色對品牌有致命的影響。**

　　如果創辦人摳門，就會造出性價比品牌，比如雷軍，總想替你省錢。

　　如果創辦人藝術，就會做出美感極高的品牌，比如賈伯斯，因為他學過字體設計。

　　如果創辦人是花花公子，品牌就會不走尋常路，比如維珍航空的空姐就非常性感，創辦人理查・布蘭森，曾坐熱氣球橫跨大西洋，從地上玩到了天上，浪漫得要死。

　　如果創辦人很土，品牌就很廉價，還會跟你講大道理，因為他確實很會抓老百姓的心理。

　　如果創辦人過於洋氣，品牌必定處處被人攻擊。

　　如果創辦人過於龜毛，這品牌挺不過三年。

創辦人對於企業的價值，歷史上經過了無數的證明。

企業家的性格穩紮穩打，他就會扎根在單一產業上，甚至只開一家店，絕不考慮加盟和連鎖。

企業家作風激進，就會不停地試錯。試錯失敗，就會成為連續創業者；試錯成功，就會在不同的領域跨界。

知行合一

> **打造 IP 需知行合一：**
> **你的面孔、你的語言、你的行為，**
> **必須同時指向一個特質。**

不知道你們有沒有發現，當你面對一個陌生人，你可以對他的職業猜得八九不離十。

為什麼呢？因為一個人經過了歲月的洗禮，他所做過的事會養成一張這個產業所具有的氣質臉，也就是我們所說的職業臉。

你們看馬斯克，在二十年前他就像一個德州紅脖子，但是現在你再看，他已經具有了偶像氣質。他這張臉為他的 IP 打造也付出了很多，光植髮就花了二、三十萬美元。所以說在行動網路領域，塑造一張臉是塑造 IP 的最短路徑。

如果你長得憨厚樸實，可以去做釣魚主播，或者站在田裡抓鱔魚。

如果你的臉一看就是青年才俊，可以去講你的創業經，做創業導師，做課程培訓。

　　一定要根據自己這張臉的特點去打造 IP。所謂知行合一，就是你的面孔、你的語言、你的行為必須同時指向一個特質。

注釋：

集體主義思想曾經根深蒂固，對於創業者來說，中國以前很少重視打造個人 IP。經過市場經濟的洗禮，李寧、老乾媽、小米、新東方……都是把品牌特質和個人形象結合的好例子。

拒絕商標

│ **一個億以下的生意都不需要商標。**

　　商標是一個非常大的識別障礙，如果你沒有錢做推廣，又沒有錢做品牌，要商標幹嘛？

　　當你沒有錢的時候，踏踏實實地用文字就好。

　　記住了，你的品牌名就是商標。

注釋：

當你早餐想吃一碗米粉、宵夜想吃串燒的時候，腦海裡，肯定是先說出這家店的名字，不會同時浮現出商標的樣子。即使是很大的品牌，你去買咖啡、買手機，你也不會首先腦補出它的商標。

產品力是裡子，

品牌力是面子，

影響力才是票子。

借趨勢

不要相信永生，
要借用週期

05

永遠在脫韁的路上，永遠向野而生。

導語：

任何生命的歸宿一定是死亡。

產業、品牌也是如此。

不要做銀河的軌跡，

而要做時代的車輪。

看透了週期，

你就掌握了命運。

從零開始

| 如何從零開始打造一個品牌？
| 一、找到自己的視覺錘
| 二、找到文字釘
| 三、預算不足，就是核心洞察

　　品牌一定要找到自己的「視覺錘」，比如我在抖音上建立「金槍大叔」這個帳號，大家看到我這個人有著一頭讓人過目難忘的白髮，這個就是視覺錘。當然，視覺錘不可能只有一個，比如我還開著法拉利和烏尼莫克，這也是視覺錘，法拉利、烏尼莫克和白髮組合起來，就形成了一個強而有力的視覺錘。

　　一定要找到一個「文字釘」，我在做抖音帳號的過程中，有很多文字釘，比如解氣，比如秀髮更出眾……每個不同的階段要有重點詞彙，這個詞就是文字釘。

　　要有「核心洞察」。核心洞察是什麼呢？所有企業家一定會遇到預算不足的問題，預算不足就是核心洞察。品牌若想要

用創意彌補預算不足，那麼一定要做幾個行銷事件，比如甩頭髮、秀髮更出眾都是我的行銷事件，還有我的烏尼莫克救援。

　　當你做好了幾個行銷事件以後，你會發現這個個人品牌已經成形了。

注釋：

做品牌需要有步驟，但也有方法論。

大部分的小企業，仔細探究，是沒有視覺錘、文字釘、行銷事件的。但是這樣做不大，在流量時代，很容易被執行力更強的對手淘汰。

時代風口

未來做什麼生意好？
一、虛榮心生意
二、上進心生意
三、同情心生意
你準備好你的虛榮心、上進心、同情心了嗎？

現在有一批九〇後做電商、做短影音直播，財富積累的速度超過了上一輩人的想像。

而這些人有了錢以後，買完房、買完車就不知道該怎麼花錢了，其實他們還有大量的炫耀性需求、社交性需求沒有得到滿足。

第一個生意叫作「虛榮心生意」，讓這些人的虛榮心得到巨大的滿足。

第二個生意是「上進心生意」，這些人迅速地賺到了很多錢，積累了很多財富，但是他們也很恐慌，因為後來者太厲害了，網紅的更迭速度太快了，所以他們內心非常恐慌。時代的

紅利和機遇也會讓有些人感到德不配位，那麼就需要學習，於是各種課程、訓練，雨後春筍般地冒出來了。

第三個生意是「同情心生意」，很多人覺得自己賺錢太快了，有種罪惡感，或者說很快地成了公眾人物，需要去做一些回饋社會的行動。

在虛榮心經濟、上進心經濟、同情心經濟爆發的前夜，有大量的創業信號，你準備好入場了嗎？

注釋：

虛榮心使消費升級，更多的高級住宅、豪車、名錶和名校教育需求，將進入新一代富裕家庭。上進心，讓知識變現的賽道充滿了希望。善良和同情心，讓很多公益機構、公益事業需要的各類用品，得到了社會更多的關注。

破局思維

> **從產業競爭中破局的三個方法：**
> 一、生理共鳴
> 二、階層共鳴
> 三、國民共鳴

最次的方法是降價，最後利潤沒了，品牌沒了，產業也沒了。降價就是一次性攻擊。

中等的方法是加快迭代，產品微創新，包裝大創新，用可憐的性價比維持用戶黏著度。然而，用戶只要稍微有點錢，拋棄你的時候，眼睛都不會眨一下。切記，如果你的毛利達不到八○％，就不要進行下一步動作，踏踏實實給通路打工吧。

高端的必殺技是品牌升級，從生理共鳴到階層共鳴，再到國民共鳴，成為國民級品牌，去製造流行文化，引領輿論走向。這個時候最重要的是把握分寸感，弄過頭了你就完了。

抓住消費升級的機會，抓住內循環的經濟趨勢，融合時尚與本土元素的
「國潮」，發揮年輕人個性的各類產品，越來越受到追捧。

個人創業

> **未來十年個人創業的方向，**
> **可以考慮三個方面：**
> **一、媒介碎片化**
> **二、審美多元化**
> **三、產品微型化**

媒介碎片化：無數媒介稀釋了你的注意力，你的品牌很難被集中看到，很難用單個媒體打動全國。某賣水的首富都說失去央視這個大媒體後，不知道怎麼做全國的生意。未來十年可能會出現很多個品牌工作室，點對點滿足一小部分人的需求，一年能夠有幾百萬元營收，餓不死也做不大。

審美多元化：網路溝通成本的無限降低，讓文化無限雜交，就誕生了無數獨特興趣的個體。你很難想像一個賣絲襪的小團隊每個月都能賺二、三十萬元。

產品微型化：你們注意到了嗎，電鍋越做越小，炒菜鍋越做越小，因為家庭單位由五個人變成了三個人，最後很可能就

是一個人。而滿足一到兩個人的所有需求，就是產品微型化，
這就是小品牌崛起的機會。

注釋：

新經濟＋網路，給了未來很多想像空間。大而全的模式被「小而特」所代
替。看似蛋糕變小了，其實蛋糕變多了，從商業模式，到產品的策畫、研
發，要跟上新的時代變化。

生命週期

什麼時候做品牌最好？
在風口期做品牌最划算，可一戰定江山。
競爭期做品牌費用最高，且成效不高。
長尾期做品牌，說白了就是浪費錢。

產業發展一般有三個生命週期。

第一個：風口期。這段時間誰做誰賺錢，利潤高得嚇人，不過好日子很快就結束了。你們想想二十世紀的諾基亞和二十一世紀的蘋果。

第二個：競爭期。利潤越高，吸引的聰明人就越多，聰明人越多，招數就越多，競爭白熱化，利潤就會逐年降低，就要死掉一批企業。想想美容業的競爭有多麼殘酷。

第三個：長尾期。聰明人都走了，戰鬥就結束了，創辦人財富自由了，奮鬥動力不足了，企業自動駕駛了，職業經理人主要的任務就是別出錯，別把船駛翻了。這個時候還要什麼創意，要的是安全。

遇到合適的時間，優秀的商業模式才有價值。如果一個商業模式，遠遠不符合當時的經濟發展水準和思想觀念，肯定夭折。

如何判斷風口期，是頂尖企業家的標誌，需要對產業有深刻的洞察。

年輕創業

年輕人創業有五大優勢：
一、沒有經驗
二、沒有錢
三、沒有房子
四、沒有學歷
五、沒有女朋友

沒有經驗就沒有條條框框，中年人的經驗往往是一座座監獄。

沒有錢往往就會想著四兩撥千斤，沒有錢才會爆發出驚人的創造力。

太早買房不是一件好事，年輕人就應該四海為家。房子固定了，你的勢力範圍就固定了，太早限制了你去開疆闢土。

學歷越高，包袱越重，膽子越小。事實上，創業需要的知識和書本上的知識可以說是毫不相關。

最重要的，沒有女朋友。天天要哄女朋友開心，要趕回去給女朋友做飯，這樣的日子基本上告別了翻身的可能。

注釋：

年輕才有試錯的勇氣，才會逼迫自己沒有條件就去創造條件。歷史上偉大的創業，都是沒有資本的年輕人幹出來的。

最佳路線

| 新興品牌，創業致富的最佳路線是什麼？

　　品牌註冊在上海，出生就自帶洋氣屬性。

　　市場行銷放在北京，能夠高度掌握政策變化。

　　電商中心放在杭州，有取之不盡用之不竭的美女資源。

　　供應鏈放在廣州，廣州有一流的師傅，一天開模，三天做出樣品，五天就可以量產。

　　投放測試放在成都，因為成都人愛享受，買不買，一試你就知道。

注釋：

不同的城市，有不同的優點，各地城市的經濟特徵和人文特質千差萬別。

品牌的全產業鏈，放在一個城市容易僵化，在各個城市取長補短，容易讓品牌成長更迅速。

低端的說價格；
中端的說檔次；
高端的說文化。

產業競爭

> 你知道什麼時候可以離開產業競爭嗎?
> 產業過度競爭的三個徵兆:
> 一、監管開始從嚴
> 二、投資報酬率降低,服務難度加大
> 三、產業培訓增多,這是要割最後一批韭菜的徵兆

　　當一個產業開始過度競爭的時候,你就得考慮離開了,越晚越被動。

　　我們做了二十年廣告,完美地從七個消費週期的產業競爭裡面脫身。

　　像白酒、藥品、電信、固網、行動網路、智慧家電、手機遊戲、保健品,這些廣告我們從來不接,因為月滿則虧,水滿則溢。

　　三十六計,走為上計,什麼時候走,你腦子裡得有分寸。

　　比如我們現在開始接中國新興品牌的廣告,因為流量到

頂，無法找到新的成長空間，這就是我該下手的時候了。像唱吧 K 歌寶、Ulike 脫毛儀、黑白調兒童座椅，這些都是成功的案例。

注釋：

沒有永遠不垮的產業，只有永遠奮鬥的人。

產業是有週期的，在週期裡不僅要埋頭苦幹，還要觀察前方，發現規律，提早布局，這是成熟企業家的標誌。

別想太遠

| 如何判斷你的品牌處在哪個階段？
和你分享創業的五個維度：
產品、名牌、品牌、信仰、文明。

第一個維度，也是最低的維度，當你的產品有了銷路，就叫作產品。

第二個維度，當很多人知道了你的名字，就叫作名牌。

第三個維度，你的名牌有了很多粉絲，就成了品牌。

第四個維度，你的品牌變成了一種信仰，它便成了精神支柱。

第五個維度，你的品牌跨越了歷史，跨越了時間，就形成了文明。

很多創業者為什麼幹著幹著就幹不下去了，就是因為他在做產品的階段想要做品牌，在做品牌的階段想去做文明。

飯得一口一口吃，你想跨越歷史，歷史它不答應。

注釋：

品牌是有路線圖的，品牌嚴格遵循「產品—名牌—品牌—信仰—文明」這
樣的軌跡。

能做到第三個維度，企業家已經有足夠的回報。做到第四維度，那幾乎就
站在了全球品牌食物鏈的頂端。

夜間生意

> **疫情這兩三年，夜間的生意經有三個變化：**
> **一、主播小姐姐更多了**
> **二、直播間賣貨更火了**
> **三、老百姓吃得更多了**

出於疫情的原因，娛樂業從線下轉到線上，突然就多了很多娛樂主播。很多小演員無戲可拍，投身在直播間積極變現。在直播間裡唱歌跳舞的人多了，對於麥克風和美顏燈的需求也增加了很多，給娛樂主播打賞的粉絲也更多了。

隨著居家辦公和各種因素，上班族在家的時間增多，大家打開手機的時間也更多了，幾乎所有的消費品牌，都從實體店轉移到了直播間，滑到感興趣的就買、買、買，直播間的賣貨更火了。

很多年輕人聚集的社區，夜貓子更多了，成了「外送夜經濟」的消費領跑區。在家叫宵夜外送，還有各類無人零售店的出現，讓人們吃進去的食品更多了。

注釋：

發展夜間經濟，培育多元化夜間消費，可以拉動第三產業發展，創造更多
的就業機會，增加老百姓的收入。更多的人面臨工作的壓力，選擇發揮自
己的特長，主動轉行，除了娛樂主播，還誕生了很多夜間電臺、夜間體育
主播，以及各類知識主播。

沒有捷徑

| 年輕人創業有沒有捷徑可走？

二○○一年我做廣告導演的時候，都得巴結 4A 廣告公司的創意總監和製片，因為廣告片的流程是從 4A 廣告公司到製作公司再到廣告導演，這個流程下來，廣告導演是沒有機會的。

後來，我就和合夥人把廣告片的三個流程全包了。

但是這個過程很冒險，畢竟我們要具備談客戶的行銷能力，要有製片的組織管理能力，要有文案的創意能力，要有美術的視覺構思能力，還要能做好導演的本職工作，做好後續的客戶服務工作。

經過十多年的積澱，我們一家五人的小公司，產值已相當於一家四百人的 4A 廣告公司的十倍。

這類 4A 廣告公司，至少三分之一的人力資源是多餘的，因為各種關係不得不存在，這是巨大的成本。

什麼是捷徑？自己創造體系才是捷徑。

注釋：

「體系」是個很可怕的名詞。南美的足球運動員，普遍個人技術出色，甚至有著獨到的絕招，但是他們轉會到歐洲大牌俱樂部時，很多人適應不了，因為歐洲俱樂部更加強調整體，強調個人要適應體系。

在其他的產業裡，很多人也因此害怕，覺得面對複雜的社會，能被體系接納就不錯了。

創業成功的人，都是自己創造體系的人。

社區商販

> **社區小商販需要做到三點：**
> **一、做成社交中心**
> **二、做成資訊交換中心**
> **三、做成服務中心**

社區小商販需要做品牌嗎？

完全不需要，浪費錢！

在社區做客戶業務發展，只需要做好以下三點就行。

做成社交中心：留幾把椅子拖住老人，盡量消耗他們的時間。老人在，孩子過來找老人，就多少會消費一點。

做成資訊交換中心：盡量多蒐集八卦，社區關係摸得明明白白，才能跟更多的女主人同仇敵愾，增加用戶黏著度。

做成服務中心：讓社區的每個人占點小便宜，多給個塑膠袋，送點小零食，也就增加了他們回購的機會。

隨著中國城市化進程，定位為「最後一公里」的社區商業前景廣闊，即使在農村的集鎮，也出現了很多「最後一公里」的新商業型態。

鄰里社交是中國人的天賦，要發揮家門口的場景優勢，透過會員行銷、私域流量，做好各類新零售、生活服務。

文藝缺陷

> 文藝青年有三大致命缺陷：
> 一、不會算帳
> 二、高估自己的審美
> 三、對這個世界有很大的誤解

錘子手機為什麼會失敗？

因為它犯了兩個最重大的錯誤：一是創始團隊是文藝青年；二是用戶也是文藝青年。

文藝青年第一大缺陷就是不會算帳，對時間成本和物理成本沒有概念。小生意靠情懷，大生意必須得靠算帳。不信你問一下你身邊的文藝青年朋友，讓他數一數家裡的地磚，他一定數不清楚。

第二大缺陷是高估了自己的審美，把自己的審美標準當作唯一的審美標準，而忽略了這個世界上審美的標準千千萬。審美越差，產品的普世性越強，賣得就越好。在設計師眼裡醜爆了的豐田陸地巡洋艦，在工頭那裡卻賣得很好。在我們現在這

個階段，審美往往不是知識決定的，而是成本決定的。

第三大缺陷是文藝青年對這個世界有很大的誤會，因為文藝青年愛表達、愛表現，喜歡輸出各種文藝作品，而普通老百姓沒那麼多機會去表達，沒那麼多機會去創造輿論。一旦文藝青年創造了輿論，把持了輿論，就會造成文藝青年的意見很重要這樣一種錯覺，而實際上他啥都不是。

做生意的時候一定要學會過濾文藝青年的聲音。

注釋：

文藝青年本身沒問題，但是用文藝青年的思路做產品、做品牌，就很成問題。不論是歐洲的貴族後代，還是亞洲的礦業二代，專門做文藝青年生意的品牌，一定做不大。

餐飲訣竅

> 做好小餐飲的三個訣竅：
> 一、老闆要虧得起
> 二、老闆得親自管
> 三、主廚必須占股份

老闆要虧得起。虧不起，各方面就捉襟見肘。背水一戰，想靠餐飲翻身的老闆鐵定要出事。

老闆得親自管。人心隔肚皮，誰管都不如自己管。自己不管、不勤快，遲早要出事。

主廚必須占股份。廚師多舀一盆油，你就少賺十元，廚師沒有經營意識，遲早要出事。

注釋：

小餐飲是個低成本創業的路子，尤其適合夫妻創業。

小餐飲一定要有好的地段、好的口味，先完成基礎積累，別想太多。

小眾東西專業化；
專業東西通俗化；
通俗東西娛樂化；
娛樂東西學術化。

借槓桿

不要突出優點，
要借用缺點

06

當你邏輯嚴謹的時候，
只能寫出正確的廢話。

導語：

當你和一個女生聊天的時候，第一件聊什麼？

你放心，絕對不會表揚她的優點，

而是討論她的缺點。

在她的缺點上，你們有了共同的敵人，

才變成閨密，變成朋友。

當你們成為朋友時，

就一定容忍了對方的缺點。

能夠被接受的缺點，

才會產生真正的購買理由。

文藝青年

文藝青年有七大優點：
一、有情懷
二、為人好
三、喜歡自由
四、喜歡浪費時間在美好的事物上
五、膽子大
六、愛創作
七、敏感

有情懷。算不好投入產出比，經常高射炮打蚊子。

為人好。喜歡以情動人，而不喜歡以理服人，別人借了他的錢，他都不好意思催。

喜歡自由。喜歡東一榔頭西一棒子，什麼都碰一下，缺少全局觀點。

喜歡浪費時間在美好的事物上。比如說詩和遠方，經常消失很久。

膽子大。只要你說動了，他棺材本都敢押上。

愛創作。沒有觀眾也不妨礙他的抒發，因為在他的生命中表達大於一切。

敏感。碰到了資本他會自卑，碰到了藝術他也自卑。

如果一個文藝青年做你的競爭對手，那麼恭喜你，你基本上可以躺贏。

注釋：

文藝青年喜歡談論藝術電影、前衛藝術、戲劇，對於哲學和宇宙充滿思辨，對於身邊的人和事分辨不清。

這種思維模式容易去做「小而美」的創業，比如餐館、咖啡館、選物店，卻常常被殘酷的社會現實打敗。

信任背書

> **不買不行的六大信任背書：**
> **一、出身高貴**
> **二、財富**
> **三、獎項、學歷**
> **四、人品**
> **五、作品**
> **六、大佬推薦**

出身高貴：因為百分之九十九的人都沒有。

財富：每個人心中其實都藏著一份驗資證明，很遺憾百分之九十九的人都沒有。

獎項、學歷：所以博士、諾貝爾獎、產業頂級獎，都可以成就大生意。

人品：今天是明天的人品，明天就是後天的人品，百分之九十九的人都能做到，只是無法堅持，但劉德華就可以。

作品：一部《霸王別姬》紅了很久，這樣的作品確實難，但余秀華的詩也是作品，芙蓉姐姐的身材也是作品，直播小姐姐的火辣舞蹈也是作品。安迪·沃荷說過，每個人都有十五分鐘成名的機會，有可能是你紅的一次機會，也就是你終身的信任背書。

　　大佬推薦：這是可遇不可求的信任背書。雄厚人脈的一句話，往往就是一次業務機會的開始。

注釋：

世界上有一千多個電影節，你只要交報名費，就能拿回一個世界各地的某某小電影節獎。還有德國的某設計獎，為了開拓中國市場，特地開設了「普通設計獎」，每年頒獎一千個，近三分之一被中國人拿走。

創造優越感

> **平價品牌如何創造優越感？**
> **一、找一個強而有力的信任背書**
> **二、讓用戶覺得自己很聰明**
> **三、創造社交恐慌**

　　找一個強而有力的信任背書。科技不強，文化要強；文化不強，設計要強；設計不強，道德要強。

　　讓用戶覺得自己很聰明。搞一些小圈子，創造一些小圈子才有的新玩法，創造歸屬感。

　　創造社交恐慌。前期找人帶，後期媒體蓋，年輕用戶最怕這個話術——「這你都不知道，你過時了！」

注釋：

有時候，很多新電影、新演出，是年輕人，尤其是職場人的重要聊天話題。當你對它不了解，但媒體又鋪天蓋地在宣傳它的時候，你會開始恐慌，這也就營造了消費需求。

類似的情況，還有上海迪士尼、北京環球影城，在當時開園的一、兩個月內，這類大型遊樂場，成了人們躲不開的話題。

占領制高點

┃ 做品牌一定要占領道德制高點。

占領了道德制高點，再去占領技術制高點，最後你就占領了財富制高點。

讓天下沒有難做的生意，這就是一個道德制高點。

讓每個人都能享受科技的樂趣，這也是一種道德制高點。

最厲害的是為人類謀福祉，當地球毀滅了，人類可以去火星居住，這個道德制高點太高了，所以馬斯克能割到賴利·佩吉的韭菜，能割到比爾·蓋茲的韭菜。

注釋：

藍色起源、維珍銀河和 SpaceX 等其他私人太空公司，都在出售太空旅行門票。這種制高點，其實是一種商業上的降維打擊，本質上還是售賣普通人能夠買得起的服務。

把一件事情做好的辦法，
就是不要崇拜。

高級趣味

> **這個世界有兩種賺錢的生意：**
> **第一種，低級趣味批發商**
> **第二種，高級趣味訂製商**

　　低級趣味批發商，賣笑的、賣慘的、賣萌的；高級趣味訂製商，賣詩和遠方的、賣文化和情懷的。這個轉變，成長很漫長。

　　低級趣味打價格戰，高級趣味打輿論戰，兩個生意空間都大得很，留給我們賺不完的錢，那麼什麼時候會成長到頂呢？

　　當我們的高速公路上卡車輪圈都擦得發亮的時候；當我們的卡車司機跨過了生存，也懂得了生活的時候；當我們的街道也和紐約一樣，路肩包鐵的時候，這個時候成長就到頂了。

　　而新消費的生意從低級趣味轉型到高級趣味，還有一段漫長的成長期，這個成長的煩惱，就是大家的機會。

注釋：

紅製作給 Ulike 脫毛儀做的廣告詞：「高級女人用高級的」，就是把女性的地位提高，表達了女人的自信。啟動了女性的自信，也就開啟了消費者的心智。二○二一年雙十一，該品牌在天貓成為脫毛儀品類冠軍；在京東，Ulike 位列單品熱銷榜前三名，銷量超過第二到十名的總和。

抬高門檻

產業門檻越高，收益越高；
產業門檻越低，越容易被人割韭菜。
提高產業門檻的方法有三種：
一、資金門檻
二、技術門檻
三、時間門檻

　　當一個人跟你說這個產業門檻很低，上手很快的時候，這個人百分之百想割你的韭菜。

　　想要進入一個產業，一定要看這個產業門檻高不高，門檻越高，收益越大。

　　資金門檻：使勁砸錢，錢砸夠了，護城河就修出來了，別人就沒有辦法複製了。

　　技術門檻：當你有了壟斷技術，別人想要追趕你，就得花很長時間。當你沒有技術作為門檻的時候，你也可以用文化和審美作為壁壘來抬高競爭門檻。

時間門檻：當一個產業利潤太低的時候，很多人就開始退出了，而你還在堅持，堅持一段時間後，你或許就是剩者為王的那一個。

　　就像我的一個朋友，他是做一次性衣櫃的，大家都陸續離開這個產業了，他卻一直堅持不懈地做了二十多年，後來他們公司一次性衣櫃的銷量就變成了世界第一。

注釋：

一個項目越沒有障礙，越容易被人割韭菜。網路上經常聽到一個詞「蒙眼狂奔」，意思就是很多創業項目，沒有門檻，不設障礙，可以閉著眼去衝，這就是騙局。

創業都是有門檻的，需要在法律的框架內，長期、勤奮和全身心地投入。

超我生意

> **世界上的生意只有三種：**
> **一、低端的生意叫作本我**
> **二、中端的生意叫作自我**
> **三、高端的生意叫作超我**

低端的生意叫作「本我」，做這個生意很簡單，就是給予足夠的生理刺激，比如把漢堡拍得大大的，非常誘人，七情六欲表現得足足的就可以了。

中端的生意叫作「自我」，需要一點情懷、一點審美，表現出一種階級的優越感。

高端的生意叫作「超我」，就是做一種無用的生意，當品牌做到了無用這個級別，才做到了生意的極致。因為肉體隨著財富自由，已經找到了歸宿，而未來在哪裡？人類的命運在哪裡？無我就是對生命的終極追問。所以做這個生意，餅一定要畫得夠大，太小了讓人看不起。

馬斯克飛火星，這對絕大多數人毫無意義，但是人們會因

此相信他的科技感，所以轉頭買了能買得起的特斯拉。

注釋：

低端的生意，是覆蓋最廣泛人群的生意，全世界可以開幾萬家店，年營收上百億。總之，越高端越難，受眾越窄，風險也越高。

高端一般是指品牌象徵，它的集團旗下，還是要有平價品牌，可以賺普通人的錢。

統一思想

▏你為什麼需要做品牌？

當一家企業做到一定程度，很容易會失去初心，忘了自己為什麼而奮鬥。這個時候各部門都在搶地盤，每個部門都在瘋狂擴張，劃分自己的勢力範圍，每個供應商都心懷鬼胎，每個職業經理人都撈足了換一家公司的資本。

這時候外界也充斥著對這家公司的猜測和傳聞。老闆想動，傷筋動骨；老闆不動，焦頭爛額。

這時候老闆需要拍一支非常厲害的品牌廣告，對外統一形象，對內統一思想。

每個品牌在每個不同的階段都需要不同的品牌宣言，你需要不停地告訴那些並不忠誠的追隨者，你是誰？你在哪？你將帶領他們去什麼地方？

紅製作幫小米策畫的《我們的時代》，是二○一四年小米的品牌宣言，為小米的粉絲、員工和供應商加油打氣，讓大家更加團結在小米的創業旗幟下。

看準風向

> **創業之前要想明白的三件事：**
> **一、看風向**
> **二、摸溫度**
> **三、拚發育**

　　看風向：主要是政策的方向和人心的方向，這兩點你無法左右。二〇一〇年你可以講夢想，二〇二〇年得講現實，到了二〇三〇年也許是講公平。

　　摸溫度：在發燒的前夜你進場很合適，抵抗力已經形成了。到了發燒的時候你再進去就必死。手機產業、智慧硬體就是前車之鑑。

　　拚發育：尊重自然發育規律，基因好自然發育好，揠苗助長傷身體。教育培訓產業就是被個別企業給拔傷了。錢多了、營養多了，不見得是好事。

創業，就是要同頻、共振，摸到產業和時代的脈搏。

「春江水暖鴨先知」，錢在我們生活中的各個產業之間不斷流動，從而產生了各個產業的興衰波動。

建立高度

> **創業必須達到四個高度：**
> **一、產品高度**
> **二、文化高度**
> **三、思想高度**
> **四、聲量高度**

產品高度，能讓你迅速脫穎而出，無限降低行銷費用，不討好消費者，消費者反而討好你。

文化高度，能讓你賺得更多，像日本的奢侈品，跟歐洲的奢侈品一比，就上不了檯面。比如日本知名的幾個時裝品牌，在巴黎香榭麗舍大街都蜷縮在一個小角落裡。

思想高度，能讓你活得更久，畢竟解放思想才能解放生產力，思想能夠引領產業的發展方向。

聲量高度，能讓你傳播得更快。用極致的訴求，迅速占領消費者心智，占領媒體，贏得廣泛的傳播和討論。

注釋：

在產品文化高度上，同樣是相機品牌，德國的和日本的都很優秀，可是德國的工藝更精湛，對於光學和機械的文化研究得更透，成了攝影師的精神圖騰，所以形成了一種說法：便宜的用佳能，追求格調買萊卡。

小米是研究傳播聲量的高手。二○二一年小米換商標，請了日本知名設計師原研哉，把小米的商標從方的改成了圓的。雷軍僅僅花費了兩百萬元設計費，就霸占了各大社交媒體的頭條和熱搜，造成了超過七十二小時的流量黑洞，每個參與的討論者都成了小米的推手。

讓外行叫好

外行叫好你賺錢，
內行叫好你白幹。

內行的叫好，是在熟悉的軌道內，符合常規的產業發展規律。但這屬於圈內的發展，無法破圈，這樣的成長天花板很明顯，而且還要面臨產業內部的圍追堵截。

把創業品牌帶入新的競爭視野，不局限在你的家鄉，不局限在你的產業，讓更多的媒體議論你，更多的消費者知道你，讓更多不理解的人跳出來⋯⋯

你破圈了，讓外行叫好，讓內行著急，這樣才能獲得最多的流量。有流量就帶來了傳播價值，把價值放大，才能賺到更多的錢。

注釋：

內行的錢最難賺，內行即使知道了你的好，但是出於利益，最容易給你使

絆子。

外行很容易無視你，但是透過傳播破圈，外行一旦知道了你的真本事，就會對你傾注更多的熱情。

設定願景

> **特斯拉的啟示：**
> **一、宏大的品牌願景**
> **二、完美的個人 IP**
> **三、產品是一，行銷是零**
> **四、傑出的事件行銷能力**
> **五、擁有高淨值粉絲**

特斯拉教科書般的行銷技術，讓百年汽車品牌都成了小弟，我總結了它行銷的五個要點，學會了大可以睥睨天下。

宏大的品牌願景：如拯救人類，移民火星，格局立刻就大了。

完美的個人 IP：億萬富翁的 IP 很多，但這麼瘋狂的沒有，普通的敢隨便離婚嗎？他離了好幾次，卻獲得了輿論的原諒。

產品是一，行銷是零：根本不需要什麼飽和攻擊、大量的媒體投放，天上飛的、路上跑的、手裡拿的，全是他免費的看板。

傑出的事件行銷能力：時不時炸了火箭啊，送跑車上太空啊，這個護城河一般人哪修得起。

　　最重要的是擁有高淨值粉絲：雖然他的汽車品牌自動駕駛和車型發表屢屢跳票，但粉絲還是會一直追隨，這就是做品牌的最高境界。

注釋：

類似這樣的企業，已經超過了一般企業的範疇，透過科技＋實體，不斷鞏固護城河，讓馬斯克在科技版圖上越走越寬。

但這樣宏偉的企業計畫，讓特斯拉多次陷入財務危機。如果不是上海的特斯拉超級工廠如期投入生產，特斯拉未必熬得過去。中國的廣闊消費市場，如今是世界各大著名品牌的香餑餑。

無限偉大

> 當你的作品滿足了以下三個標準，
> 就無限接近偉大了。

一、給高維度的人以智慧啟迪，你就拓展了文明的邊界。

二、讓中等維度的人感覺學到了，幫助他們豐富人生的寬度。

三、給低維度的人帶來快樂，消耗他們的時間，幫助他們虛度時光。

注釋：

這是抖音上的一個熱點話題，帶來很多粉絲熱烈的響應。有人說，這樣的作品，可能是抖音 APP；也有人說，是某款網路遊戲、某部電影；還有人說，是古老的象棋。

其實，一個好的作品和傳播，一定能引發人們的無限聯想。

你的品牌跨越了歷史，
跨越了時間，
就形成了文明。

借對手

不要討好鐵粉，
要借用黑粉

07

創意不是正確的廢話，
創意是化學反應。

導語：

有陽光的地方就有陰影，

有白的地方就有黑。

想要一個品牌夠立體，

陰影的面積要夠大，

教父的人設、蝙蝠俠的人設，都是亦黑亦白。

好人一生平安，浪子回頭金不換，

好人只能寫進生活，

浪子的故事才會寫入歷史。

創造流行

如何創造一次大範圍的流行，方法有三種：
一、要夠叛逆
二、要夠醜，形成符號
三、要創造一定的門檻

要夠叛逆，反對你的人一定要夠多。人是非常奇怪的動物，在沒有特殊利益的情況下，他一定不會表揚你，而是喜歡批評你。批評就是拒絕，拒絕就是億萬年演化下來的自我保護心理。

要夠醜，形成符號。比如一九八〇年代的哈雷眼鏡、喇叭褲。要知道，好多偶像派演員也要扮醜才能拿到影帝。

要創造一定的門檻，讓絕大多數人感覺到預算不足，這也是流行真正的底層代碼。

一九八六年，崔健首次登臺演唱〈一無所有〉，引來無數批評，但是唱片行的錄音帶被搶購一空，大街小巷都在傳唱。一九八八年《人民日報》第七版頭條刊出《從〈一無所有〉說到搖滾樂 —— 崔健的作品為什麼受歡迎》，頓時轟動海內外，使崔健被譽為「中國搖滾第一人」。

李奧納多・狄卡皮歐演《鐵達尼號》時毫無獎項，憑藉《神鬼獵人》近乎野人的形象，才第一次獲得奧斯卡獎。

一九八〇年代，兩千元的攝影機成為小康家庭的象徵，趕潮流的兩口子花費一年的薪資購買，顯得極為瘋狂。

製造矛盾

在家庭矛盾裡，如何尋找商業思維？
品牌如何在戲劇矛盾中，尋找創意？

你一回家就被老婆罵了一頓，為什麼呢？她喜歡白色的電鍋，你買的卻是黑色的，這是「視覺矛盾」。

你媽說家裡舊的還沒壞，你為啥浪費錢買新的呀？這是「經濟矛盾」。

你丈母娘說高壓鍋煮飯香，電鍋煮飯硬，這是「品類矛盾」。

你岳父又插嘴了，為啥買國外品牌，本土品牌不香嗎？這是「文化矛盾」。

你兒子一看，別吵了，家裡還做什麼飯啊，叫外送多好，這是「商業模式矛盾」。

你看，你的家庭群像活靈活現，透過衝突設定人物是一個

很高級的技巧，學會了嗎？

注釋：

在家庭劇類型裡，香港的《創世紀》、內地的《闖關東》都體現出了傑出
的商業思維。電視劇《闖關東》，朱開山一家人，在東北種田、開飯館、
開煤礦的事業升級中，家庭成員的視野、商業格局、為人……就逐漸顯出
了區別。

家庭裡不僅有溫暖，也有思維模式的不同，很多商業邏輯，都源自家庭。

製造剛需

| 製造剛需的技術，就像青春愛情電影，
| 核心都是販賣遺憾。
| 一、樹立對手
| 二、時間炸彈
| 三、利益承諾

　　這個世界的剛需，都是被製造出來的。

　　樹立對手：你最恨的人都在追求她，那你為什麼還不去追？你希望她落入他人之手嗎？你不追是你的遺憾。

　　時間炸彈：每個人都會老，難道你要等她老了再去追嗎？現在就開始行動吧。

　　利益承諾：追到她之後，你就是王位繼承人，是世界上最帥的人。你不追就是你的遺憾。

什麼叫剛需？剛需就是讓你想擁有、得不到、乾著急。在這個基礎上，就
引發了實現的願望。

製造感動

> **世界上沒有真正的感動，**
> **製造感動的方法有三種：**
> **一、超越期待**
> **二、失而復得**
> **三、久別重逢**

她想要一毛，你給她兩毛，她感不感動？

他想要吃菜，你給他吃肉，他感不感動？

人類十大痛苦的頂級是失去親人，你讓他失去親人，然後又得到親人，這種手法可以哭倒一大片人。

久別重逢，例子你們自己想吧，當你感動的時候，你就上當了。

注釋：

韓國紀錄片《遇見你》，透過最新的 VR 技術，讓孩子看到父親與已故母親互動。這部紀錄片的力量非常強大，失去親人的每一個故事都令人心碎。

世間所有的相遇，都是久別重逢。很多老字號品牌，在歷史長河中消失幾十年，如今重新出現。巴金筆下的「紫羅蘭理髮廳」，在上海武康大樓重新開業。北冰洋汽水、冰峰汽水、八王寺汽水也都重回消費者的視線。

傳統的廣東涼茶，一年賣兩億元；而現在作為飲料的王老吉，一年銷售額突破兩百億元。

善待粉刺

> 做品牌 IP 要服務好三種粉絲：
> 第一種叫作粉底，忠實粉絲
> 第二種叫作粉餅，固定品牌形象
> 第三種叫作粉刺，就是黑粉

粉底就是忠實粉絲，即便你犯了錯，也會無限地包容你。

粉餅，這種粉絲是固定品牌形象的，用量很大，可以讓你氣色持久，可以反覆使用，有長期價值。

粉刺，就是黑粉，品牌說什麼都不對，說什麼都不聽，他就是讓你顏面難看。但正是因為有了粉刺，才讓你的品牌有了熱度，有了鮮明的個性。

所以，品牌個性不是由粉底決定的，而是由粉刺決定的。

注釋：

粉絲是多維度的，有基本盤，也有專挑毛病的人。基本盤很難在思想上啟發你。而專挑毛病的黑粉，會不遺餘力地尋找你的漏洞，他比最優秀的市場調查部門還厲害。

了解黑粉，就會補足品牌力的短處。

缺陷價值

> 當你想討所有人的喜歡時，
> 你會發現很多人對你沒感覺。

你開始做自己，你會發現，身邊有一群人開始欣賞你。

比如某些日本車就是沒有風格的代表。沒有風格的東西，品牌力一般都會很差。

當你有了巨大的缺陷，有很多人討厭你，你就有了風格。有了強烈的風格，就有了瘋狂的粉絲；有了瘋狂的粉絲，你就有了消費購買力。

注釋：

好好先生，它的潛臺詞就是樸實，在消費心理上，肯定不是首選。誰都想買最漂亮的、性能最優越的。你永遠不知道，挑剔的女生在購物車裡保存了多少祕密。

跳出邏輯

> 創意不是正確的廢話，
> 創意是化學反應。

創意需要邏輯嗎？

當你邏輯嚴謹的時候，只能寫出正確的廢話。

創意不是數學，不是 1 + 1 = 2，而是化學。

a 加 b 等於 c，有些人看不懂很正常，知識本來就是有門檻的。

當你創意枯竭的時候，再來想想這句話，你會找到答案。

注釋：

創意首先是敢於否定自己，知識分子是捨不得否定自己的。創意書，很多都是照搬理論，只是成功經驗的總結。把各種創意理論組合在一起，就能得到一個符合品牌的好創意嗎？這樣的話，寫書的人就直接去服務品牌，那樣賺得更多。

尷尬背後

> 每個小尷尬的背後都有大生意，
> 剛需的本質就是小尷尬。

接吻時的口臭，誕生了整個洗漱產業。

陷車沒帶拖車鉤，誕生了四輪傳動。

回家沒帶鑰匙，誕生了智慧門鎖。

買單沒帶現金，誕生了電子支付。

請客沒帶錢，誕生了信用卡。

上廁所沒帶衛生紙，誕生了智能馬桶。

總覺得自己腦子不好用，誕生了培訓產業。

記住了，剛需的本質就是小尷尬，這個才是賣貨的關鍵。

人類會製造兩類產品：一類是有意去製造的產品，例如原始人要做一根長矛，來捍衛領地；另一類就是無意中製造的產品，無意中誕生的想法，更能推動生產力的進步，推動社會發展。

主動示弱

> 一些無關痛癢的弱點，
> 反而給你的品牌人設加分。

暴露隱私，你只能引來電信詐騙。

而暴露弱點，能夠篩出真正支持你的人，所以一定要善於暴露弱點。

男人不一定要始終強大，男人也可以對女人撒嬌。小狗向你亮出肚皮，馬斯克砸破自己的車窗玻璃，名人得抑鬱症，都是主動暴露弱點。這樣可以讓用戶去忽略你真正的問題，而去注意一些無關痛癢的弱點，反而可以給你的品牌人設加分。

「哦，原來這麼厲害的人也會犯錯呀！」

人們不會去攻擊一個已經躺下的人，這樣你就低成本地、巧妙地走進了用戶心智。

注釋：

強大的品牌，一定不能每天把自己包裝得無堅不摧。適當示弱，用暴露弱點的方式，來幫助我們收穫更親密的人際關係，會讓消費者更親近。其實，這種方法，就是一種巧妙的事件行銷。

你協調嗎

> 傳播的本質就是製造不協調，
> 你一定還記得那個同手同腳的男孩。

在學校時，那個踢正步踢得最好的少年，你肯定已經記不住是誰了，但你一定還記得那個同手同腳的男孩。

不協調才是潮，才是少年挑戰中年的資本。

等你協調了，你就中庸了、油膩了、後生不可畏了。

注釋：

很多讓人記住的廣告，都是因為裡面有個突兀的形象，或者一個奇怪的聲音，牢牢抓住了你的注意力。你想趕快忘記它，卻忘不掉。

洗腦廣告不能只靠一個節奏灌輸，洗腦廣告是刻意留白的藝術。

當你的廣告詞寫出了
個體宣言的感覺，
你就一定會贏。

借智慧

不要拚盡體力，
要借用腦力

08

腦子是個好東西。

導語：

勞心者治人，勞力者治於人。

不要妄想用勤奮的體力，

逃避腦力上的懶惰。

皇上一句話，下面跑死馬。

寧可一月一句金句，

不可十月無頭蒼蠅。

花冤枉錢

讀懂品牌定位語背後的含義，
就不用花冤枉錢去買定位了。

主打高端，就是把價格賣高點。

主打專業，就是競爭對手很強大，它只能做老二。

主打遙遙領先，就是想透過低價占領市場。

主打省錢，就是主攻鄉鎮市場。

主打服務，其實就是服務不行。

主打快，就是單價低。

主打快樂，就是飲料裡多加糖。

說零糖，就是裡面有甜味劑。

主打能量，就是產品含有牛磺酸和咖啡因。

注釋：

品牌有很多話是不好意思明著說的，就跟電影一樣，主角的潛臺詞才是最
關鍵的資訊。

沉沒成本

> **品牌廣告和資訊流廣告有什麼區別？**
> **沒有知名度的資訊流，就是打水漂。**

很多初創的 APP，剛開始要在應用程式商店裡買流量。在 APP 市場買一個下載量，比如剛開始需要九十元，隨著競爭對手的出現，價錢會越來越高，最後成本達到了兩百元。

那麼這個時候，你再投放一些品牌廣告，當你的品牌知名度上來以後，消費者對有一定知名度的東西會有天然的信任。這時你就不用買最貴的位置了，可以買第四、第五、第六的位置，第六的位置可能也就十元。

綜合成本算下來，你投放的品牌廣告加流量廣告，成本並不貴，而且起到了占領市場的效果。

當你沒有知名度，人家看見你的 APP 了，但就是不敢信任你，你就得浪費更多的錢去買流量。

很多時候，廣告是有一部分浪費的，這就叫作沉沒成本。傳統廣告時代，很多人都懂「我的廣告費浪費了一半，但不知道是哪一半」，現在是流量時代，在各類管道、各類隱形的數據中，被浪費的空間更多了。

打爆全國

如何確定你的創意能夠打爆全國？
送你十二字測試工具：
看得見、聽得清、記得住、忘不掉。

首先是「看得見」，你的廣告素材，必須得在雙微一抖一分眾（微博、微信、抖音、分眾傳媒）上投放。品牌起步階段可以選擇雙微一抖，但是想要打爆全國，一定要選擇電梯廣告，去影響中國的主流消費者。

其次就是「聽得清」，你的廣告必須夠簡單，低頭滑手機的時候，也能聽得清這個廣告詞。

再次就是「記得住」，這句廣告詞說出來以後，上到八十歲的老人，下到五歲的小孩子，都可以記得住。

最後就是「忘不掉」，當一則廣告投放一個月，甚至一年以後，消費者還能記得它嗎？還能輕易地複述出廣告詞嗎？

看得見，花錢可以做到，而聽得清、記得住、忘不掉，花

錢也不一定能辦到。

注釋：

你的創意想要打爆全國，一定要在正確的地方，喊出群眾內心的呼聲。

廣告是個被拒絕的藝術。世界已經很浮躁，所以，生活中絕大多數的廣告資訊都被拒絕了、過濾掉了。這就形成了一個困境，廣告資訊在不斷傳遞，群眾的內心在不斷拒絕。因此，做廣告，就變成了一個搶占群眾內心的工作。

破圈技術

> **你的品牌如何破圈？**
> **破圈理論才是當代行銷的首要方法論。**
> **一、用創意絕對化對抗媒體粉塵化**
> **二、用價值觀開放化對抗資訊繭房化**
> **三、用危機主動化對抗輿論被動化**

現在的流量時代真的不一樣了，一個網紅有時候就是一個電視臺。即便你搞定了所有網紅，但是只要有一個沒搞定，也許就會對品牌造成滅頂之災。

網路的特點就是會無限地放大負面，品牌稍有不慎就栽了跟頭。西方廣告的方法論，放到現在這個媒體環境中會死得很慘。

奧格威的廣告用現在的眼光來看，做得太弱了。那時候都是強勢媒體，老百姓沒有選擇，只能看媒體三套組——報紙、廣播、電視。只要投放廣告就會有效。

在一個去中心化的時代，集中爆破能力強的電梯媒體成了

僅存的中心化媒體之一，每年電梯媒體有近五百個廣告上刊。

創意絕對化、價值觀開放化、危機主動化，讓新品牌的成功率遠高於只靠流量行銷的品牌，這三化就是破圈理論的基礎。

所以，當古典行銷定位理論在當下無效的時候，破圈理論才是當代行銷的首要方法論。

注釋：

現在形容一個品牌成功，往往會羨慕地說，它破圈了！

破圈是價值的放大器，從一個圈子進到另一個圈子，從一個產業影響另一個產業，被更多的人接受，進入更廣泛的大眾視野。

圈定用戶

> **圈定品牌用戶，有以下三個鐵律需要遵守：**
> **一、價值觀系統**
> **二、審美系統**
> **三、定價系統**

價值觀系統：你的維度不能高於客戶太多。太高了客戶看不懂，太低了客戶看不起你，讓客戶稍微費點勁才能夠得到，是最好的狀態。

審美系統：過高的審美往往需要極高的成本。奢侈品牌的店面設計費用，是你賣十年零食也回不了本的。而審美往往是決定這個品牌能夠走多遠的核心要素，你的產品美學得和你的目標使用者的審美搭上並通電。不要和一個喜歡歐式的人談工業風，那是雞同鴨講。

定價系統：高、中、低每種價格的品牌都能做得很大，都能做得很好，也都是透過價格來篩選用戶的。但是在消費者領域你必須做高價品牌。

注釋：

品牌和客戶的關係，是很微妙的，不能簡單地說「客戶是上帝」，那樣會把客戶和品牌推向對立面。

品牌和客戶應該是互惠者、激勵者、支持者，是新型的人與人的關係，這樣才能彼此高度認同。

對症下藥

> **不同收入客群的三種貨幣：**
> **一、高等收入「權力貨幣」**
> **二、中等收入「社交貨幣」**
> **三、低等收入「信用貨幣」**

對不同收入的客群，銷售方法一定要對症下藥。

高等收入，客戶好賺不好騙，你要用「權力貨幣」去打動他，比如茅臺。

中等收入，客戶好騙又好賺，你只要用「社交貨幣」來打動他就可以了，比如阿那亞買房。

低等收入，客戶好騙不好賺，要用「信用貨幣」去打動他，這些品牌經常會暗示你，它有背景。

注釋：

不同收入人群，有不同的社交貨幣。這些社交貨幣經常會暗示你，離開了它，你就融不進這樣的圈子了，你的生活就不香了。

靈感洶湧

| 怎樣才能想出好的創意？
| 怎樣保持靈感洶湧？

　　首先一定要「保持饑餓」，餓的時候頭腦才會清醒。知名畫家徐悲鴻就說過，只有在餓的時候你的五官才最敏銳。

　　其次就是「窮」，即使你有錢了也要把錢花掉，人越窮就越想早點想出創意，拿下客戶，改善生活。

　　最後就是「冷」，因為想創意的時候頭腦很容易發熱，如果太熱就會頭疼，而一冷一哆嗦就會刺激你的腎上腺素分泌。

　　就像好多作家吃飽了、穿暖了、不冷了，就再也寫不出好的作品來了。

注釋：

歷史上，很多藝術家、創業者，都經歷過這樣的起步階段。

「生於憂患，死於安樂」，生活條件好轉之後，人就會趨於保守，就缺少放手一搏的動力了。

營運創意

> **品牌部門在網路大廠沒有什麼地位,為什麼呢?**
> **影響營運的創意,才是最值錢的。**

　　光靠品牌廣告實現不了成長,影響不了生意,真正有用的是營運。

　　大廠不需要品牌廣告創意,需要的是營運創意。比如,微信搞一個發紅包的活動,帶來了十倍的用戶增長,這是最值錢的。這時候一張圖能說清楚的事情,還有必要拍一支十五秒的廣告嗎?

　　一支十五秒的廣告就能帶來流量,還有必要去拍一個又臭又長的故事嗎?

　　只要把發紅包這個事說明白就行了,接下來就是砸夠媒體費。做大事不需要省錢,要的是百發百中,所以說,下游的廣告公司,必然沒有什麼價值。

　　記住了,影響營運的創意,這才是最值錢的。

在任何產業，影響生意的事、影響生意的人，都是最有價值的。

注釋：

多年以前，很多人都覺得「創意人」身分很特殊，有點光環。其實這是源自廣告業的自我炒作。嚴格來說，一個好看的包裝、一張出色的海報、一支震撼的廣告片，都只是「小創意」，或者說，都不算創意，這屬於「廣告服務」。

現在廣告業落寞了，很多廣告人把眼光轉向了網路企業，覺得網路企業有錢。可是如今的網路大廠，需要的是隨時搶占流量，還需要品牌廣告創意嗎？不太需要。

流量平臺

> **短影音作為流量平臺的四大賣點:**
> **一、創作平臺**
> **二、消費者調查平臺**
> **三、打造自己的 IP**
> **四、試錯平臺**

短影音平臺是非常好的創作平臺,它是免費的媒體平臺,你的所有想法都可以在上面得到展現,而且不用花一分錢。只要你的創意夠好,就擁有了巨大的流量。

它是一個消費者調查平臺,在與粉絲和網友互動的過程中,你會得到很多有用的一線資料,這個是從官方的調查報告裡得不到的東西。

利用短影音平臺可以很輕鬆地打造自己的 IP,當你有想法想要對大眾說的時候,不需要透過很多自媒體,花費很多的費用,你完全可以用自己的 IP 去搞定。透過短影音平臺可以充分放大自己的聲音,而這一切都是免費的。

短影音是非常好的試錯平臺，當你的創意想法不夠好，不夠尖銳，你可以很快得到驗證。六個小時的播放量和評論量，就足以反映出這部影音的受歡迎程度。

注釋：

在短影音平臺上，粉絲們分三種：一類是忠實粉，說啥都點讚；一類是杠精，說啥都噴；還有一類就是開心的吃瓜群眾。

流量密碼

> **四種人掌握了流量密碼：**
> **一、美女小姐姐**
> **二、致富經**
> **三、心靈雞湯**
> **四、底層逆襲**

　　一九八〇、九〇年代的流量密碼，除了電影院、遊戲場，還有雜誌。上海的《故事會》和蘭州的《讀者文摘》分別是小鎮青年的街頭生存指南、文藝男女的精神家園。

　　如今短影音時代，電影院、遊戲場、紙媒已成為往事，連電視的開機率都越來越低了。老百姓手中的智慧型手機越來越多，流量被稀釋，只有滿足廣大老百姓需求的內容才不會翻車。

　　如今的美女小姐姐都集中在直播間，大專院校的畢業生搞直播，顏值情商拿捏到位，再也不求製片人，打賞榜上的榜一大哥作為她們的避風港灣。

遊戲戰隊、淘寶店主成為新商業型態的致富帶頭人，年營收上億起步。

　　心靈雞湯，在朋友圈和公眾號無限量供應，黏貼複製標榜人設。

　　底層逆襲，還得看王寶強、劉強東，從窮小子到產業天花板，這種經歷總是鼓舞人。

注釋：

行動網路流量趨於穩定。老百姓總是在幻想和獵奇中尋找希望，水能載舟，亦能覆舟，流量密碼要謹慎。

學會拒絕

> **創業者的五個拒絕：**
> **一、拒絕圈子，減少無效社交**
> **二、拒絕投資，遠離陌生賽道**
> **三、拒絕人情，要有霹靂手段**
> **四、拒絕面子，為企業減負擔**
> **五、拒絕碎片化，集中精力辦大事**

成年人的世界，要做減法，盡量減少無效社交。

在自己的主賽道上投資金錢和時間，自己看不懂的賽道不要投資。在力所能及的情況下，投資在人才上，投資在最好的設備上，生產工具決定你的生產力。很多人瞎買好幾年股票基金，不僅虧損不少錢，還浪費了很多時間。

成熟的創業者，要有菩薩心腸，霹靂手段；慈不掌兵，義不掌財。

最成功的創業者，在什麼環境中都能適應，企業能活下去，才是最大的面子。

現在是碎片化時代，各類殺時間的誘惑太多，如果一個創業者沉迷網路遊戲、沉迷短影音，那公司離垮臺就不遠了。

注釋：

常規印象裡，創業者總是包容性特別強，有時候為了表明「我是老闆，我沒問題」，常常放棄自己的原則。殊不知，當很多人和事與企業發展相衝突時，如何拒絕是一門藝術。

借偏見

不要尊重共識，
要借用偏見

09

消費衝動才是文明進步的基石。

導語：

共識是偏見的終局，

一旦事物到了終局，

生命就結束了。

所以要不停地在共識中尋找偏見，

偏見才是生命力。

人性弱點

> **人性有三大最基本的弱點：**
> **一、任性**
> **二、貪心**
> **三、虛榮心**

　　無論是創業，還是開發產品、做行銷，都要基於人性的弱點去設計。

　　任性：我的地盤我做主，基於年輕人的、有個性的價值主張，大多是任性偏執的。「找工作，我要跟老闆談」「想去哪拍，就去哪拍」，這就是任性。

　　貪心：喜歡性價比高的產品。好好利用這個人性的弱點，可以讓你的品牌更加介入大眾的日常生活。

　　虛榮心：奢侈品的行銷、汽車的行銷，大多基於這一點。「高級女人用高級的」「你值得擁有」「從未改變世界」「沒人能擁有百達翡麗，只不過為下一代保管而已」這些廣告都牢牢地抓住了消費者的心。

當你懂得人性的弱點，你做生意就入門了。

注釋：

人都有軟肋，無論是創業，還是開發產品、做行銷，都可以基於人性的弱點去設計。

消費心智

> **打開消費者的心智，需要三把鑰匙：**
> **第一把，叫作利益**
> **第二把，叫作尊重**
> **第三把，叫作習慣**

利益，就是讓他占便宜。

尊重，就是讓他覺得自己的智力高人一等。

習慣，達到指名購買，利用羊群效應，帶動從眾跟風心理。

注釋：

消費者對於廣告很警惕，對於錢包看得更嚴。但是消費者的大腦不是鐵板一塊，是有縫隙的。我們要分清消費者的表層需求和更深層次的需求，讓消費者的大腦自己開啟判斷，這樣就有機會轉動鑰匙了。

富婆心智

| 三招走進富婆心智：
| 一、一切都會失去
| 二、有錢也買不到
| 三、要有獨立人格

　　告訴她一切都會失去，失去青春，失去財富，一焦慮，她們就會做出大量非理性投資。

　　告訴她雖然你有錢，但是有些東西你依然買不到，門檻越高她越興奮。

　　告訴她要做自己，要有獨立的人格，創業才是富婆最大的消費。

注釋：

高級別墅、豪宅，男主人負責前期考察，但購買的決策權，往往掌握在女主人手中。現在很多女性開始創業，她們的資本、人脈、圈子，在某種程度上也幫助了前期的業務開展。但女強人的背後，一定有男性智囊團。

男人心智

> 如何進入中年男人心智？
> 不用進入男人心智，進入也沒用，
> 因為他老婆管錢。

　　「四十不惑」是個貶義詞，中年男人的腦袋就是一部裝滿了小短片的三十 GB 硬碟，小腦袋再也裝不進別的東西了。相比之下，還是年輕人的腦袋空空，更好操作。

　　中年男人的每一個消費行為，都是在彌補童年缺陷，相比中年女人要更脆弱一些。缺愛的一輩子都在尋找愛，窮過的有囤積癖，從小家長管得嚴的一輩子都在尋找自由。

注釋：

中年男人有工作能力，有消費實力，但是沒有消費動機。他的收入幾乎都留給了家庭、子女教育、父母贍養，除非打腫臉充胖子請朋友吃飯，否則很少參與大額消費。

遺憾造成焦慮，
焦慮促進購買。

女性心智

> **打開女性消費者心智的三把鑰匙：**
> **第一把：激發她的母愛**
> **第二把：激發她的夢幻**
> **第三把：激發她的自卑**

激發她的母愛：激發女人的善良和同情心，歷來都是她們主動購物的原動力。

激發她的夢幻：夢想是可以實現的，而夢幻是不能實現的。很多時候，女人會陷在夢幻裡，無法自拔，反覆消費。

激發她的自卑：沒有一個女人是完美的，而女人恰巧都是要追求完美的生物。

注釋：

女性往往在小時候迷戀芭比娃娃，喜歡玩扮家家酒的遊戲，成年後開始對嬰兒用品產生好奇。成為母親後，不惜代價為孩子買、買、買，選擇好的學校，把對世界的愛，傾注在孩子的一生。

北京環球影城、上海迪士尼、任天堂 Switch 的《寶可夢》系列，都是幫助她們圓夢的美好場景。牙齒矯正、抖音美顏，都能讓如今的女性顯得更完美。

土豪心智

> 土豪的心智好進入嗎？
> 土豪心智一點都不好進入，想讓土豪花錢沒那麼容易。
> 土豪有三個軟肋：
> 土豪太仗義；
> 土豪受不了溫柔；
> 土豪膽子大，容易衝動。

土豪只是愛好比較單一，比如喜歡連號的車牌，喜歡大型動物，他花錢確實是憨，可他卻不傻。

是人就有軟肋，啥是心智？心智就是軟肋。

土豪的三個軟肋：

土豪太仗義，喜歡幫助別人，看不了別人受苦，因為自己小時候也是受苦過來的。經常拉兄弟一把，把自己捲入其中。

土豪受不了溫柔。小時候條件差，長得也不行，女孩子都不喜歡他，等到他有了經濟實力，只要有女生對他好，他就迷

昏了頭。

　　土豪感性，所以膽子大，容易衝動。創業投資，全憑感覺，一撒手，錢就沒了。什麼餐廳啊、民宿啊、洗腳城啊，到處都是他們投資失敗的身影。

注釋：

土豪雖然文化沒那麼高，可是智商不低，要不然在殘酷競爭的各個產業裡生存不下來。土豪很少投資科技和新興領域，因為他們沒有這類圈子，他們也不懂。

寶媽心智

> 走進了寶媽心智，
> 你就拿下了這個時代最優質的流量入口。
> 一、寶媽一個人花三份錢
> 二、購買才是治癒寶媽焦慮最好的良藥
> 三、走進一個寶媽的心智，等於走進一群寶媽的心智

寶媽擁有三個戰略制高點，她的一舉一動影響了孩子的未來、丈夫的收入，以及全家的臉色。所以一個人花三份錢，為孩子買，為自己買，為老公買，是符合家庭長期戰略意義的。

購買才是治癒焦慮最好的良藥。寶媽多焦慮呀，孩子吃多了怕胖，吃少了怕長不高，責任越大買得越多，定期購買就相當於定期抓藥，長期不抓藥就容易生病。

寶媽的微信群，本質就是好物分享群。走進了一個寶媽的心智，也就走進了一群寶媽的心智，所以要對寶媽好一點，她們會賜給你財務自由。

除了微信群，寶媽的小紅書也很值得參考。

寶媽決定了買房，決定了孩子的課外才藝培訓，決定了男人的零用錢，決定了整個家庭的時間表。所有的媽媽，都會盡力為兒女提供好的生活環境，在物質和學習上滿足孩子的需求。

宅女心智

> 走進宅女心智需要六個一：
> 一杯加代糖的奶茶
> 一本虐心小說
> 一部愛情電視劇
> 一堆收不完的快遞
> 一個速食型的遊戲
> 一次特別的動漫展

　　一杯加代糖的奶茶。以前是蔗糖的，現在流行零糖，生產代糖的廠賺翻了。

　　一本虐心小說。養活了好多網路作家。

　　一部愛情電視劇。普通宅女看國產劇，一線宅女看歐美劇。

　　一堆收不完的快遞。當她們拆快遞的時候，就能看出她們有多瘋狂了。

一個速食型的遊戲。戰略遊戲和戀愛遊戲都可以，宅女在家裡總會很瘋狂。

　　一次特別的動漫展。宅女其實喜歡熱鬧，趁年輕去動漫展Cosplay，年老了再跳廣場舞。

注釋：

宅女的花錢風格起伏不定，但是宅女有一個共同的特點：她們可以不化妝，無論顏值高低，都很注重保養品的需求。

宅女不是一類人，只是一個階段，她們一旦工作忙起來，或者走入戀愛、家庭，就與宅女生活無關了。

宅男心智

> **如何進入宅男心智？**
> **一、蘿莉塔**
> **二、最新的智慧硬體**
> **三、遊戲**

　　宅男的知識一般都很淵博，不要跟宅男講道理，他會在知識上碾壓你。

　　宅的原因是他們的邏輯、世界觀已經形成了閉環。而外送讓他們形成了生活閉環。換個說法，他們是北京東五環的陶淵明、上海松江的諸葛亮。

　　想要打開他們的心智，需要三件法器。

　　蘿莉塔：宅男普遍缺乏母愛，但是父愛氾濫，蘿莉塔完美地滿足了他們的幻想。

　　最新的智慧硬體：你進入一個宅男的家庭，最新款的智慧硬體已經擺上了桌子，因為花父母的錢沒那麼心疼。

遊戲：國產遊戲的收費體系，是這些年遊戲界最大的創新。

注釋：

宅男的存在，是因為太自信，總覺得自己是行星之間的老大，普通的街道容不下他，形成了自己的固定方法論。宅男其實很容易被各種電子產品收割，容易沉溺於遊戲世界。宅男喜歡好為人師，所以容易得罪朋友，所以越來越宅。

販賣遺憾

｜ 人的一生中都在不斷失去。

為什麼把遺憾賣給消費者這招好用？

是因為人的一生中都在不斷失去。

在你的成長過程中，你就在失去童年、失去青春、失去初戀，人的一生就是充滿了遺憾。

遺憾造成焦慮，焦慮促進購買，比如這款包包只有這一個了，這輛車就剩一臺了，這房子是最後一間了。

販賣遺憾，這招一定管用。

注釋：

「只剩最後一個」是行銷上一個常用的手法，它就是把遺憾變成了稀缺。

當超市只剩這座城市裡的最後一瓶後悔藥了，估計消費者會打起來。

愛占便宜

> **占便宜有兩種：**
> **一、讓用戶口袋占便宜**
> **二、讓用戶心理占便宜**

占領心智是一個偽命題，其實用戶的心智你占領不了，就像談戀愛，兩個人愛得死去活來，遇到了更好的對象，物競天擇，最後還是得分手。要不然安卓機怎麼能夠搶走蘋果這麼大的市占率呢？只要知道用戶愛占便宜就行。

當你買得起愛馬仕的時候，你絕對不會去買 LV，預算足了是消費，預算不足是智商稅，想明白這個道理的人都已經實現財富自由了。

注釋：

薪資一萬多的白領，節衣縮食買個名牌包，但是在成功人士眼裡，它真的只是一只裝東西的普通袋子。但這類人總量有限，奢侈品最廣泛的市場，還是賣給了預算不足的受薪階級。

消費衝動

| 我們為什麼會消費衝動？
| 預算足了就很容易衝動。

消費升級，就是把你的消費衝動提上日程。

一百元的某日本品牌吹風機不是用得挺好的嗎，為什麼還要用三千元的 Dyson 呢？因為 Dyson 用設計美學喚醒了你的消費衝動。

十萬元的車不也能開嗎，為什麼還要貸款去買雙 B、奧迪？因為這些汽車品牌用社交障礙喚醒了你的衝動。

在地球上待著不好嗎，為什麼還要去火星？大火箭就比大寶劍香嗎？

關於未來就喚醒了馬斯克的衝動。

人若失去了衝動和鹹魚有什麼分別？

消費衝動才是文明進步的基石。

我們的衝動不是太多了，而是太少了。

注釋：

老婆要換更大的房子，男人就會更加努力。老公喜歡在家邀請朋友聚會，老婆就會逼著自己成為「精緻媽媽」，她不能被別的女人比下去。家庭消費於是升級，要買更大的餐桌、更好的沙發、更精美的餐具……

自己在歡呼聲中彈鋼琴，或者要讀國際學校的孩子背英語詩篇，都是默默聘請了名師的努力。

男人聽話

┃ 男人的一生都不會聽話。

一個小男孩不聽話，就給他一個玩具。

一個少年不聽話，就給他一個女孩。

一個成年男人不聽話，就給他一個家庭。

如果一個家庭還管不住這個男人，就給他一個理想主義。

注釋：

上帝製造女人，女人誕生男人，男人折騰世界，最後還是要靠女人收拾爛
攤子。

叫賣管用

| 記住，叫賣是永遠管用的。

以前很多電視購物裡面說：現在訂購就能省下一百九十八元。

現在的直播間說：三、二、一，上連結；Oh My God，買它！

這種叫賣式廣告永遠是有用的，因為有一部分用戶是主動型人格，還有絕大部分用戶是被動型人格，對被動型人格，你要求他、命令他，他就在半推半就之間完成了購買。

注釋：

叫賣是人類最早的行銷方法，後來才誕生了視覺廣告。

人們可以拒絕看，卻很難拒絕聽，所以在傳播和創意上，科學地發揮「聽覺」的作用，其實是做廣告的一個奧祕。

喜新厭舊

> 為什麼人都喜歡新車子、新房子、新女友？
> 因為人類的本質是喜新厭舊，
> 而商業文明的本質是推陳出新。

如果一個創業人天天誇耀自己十年前研發的產品，那麼這十年來他肯定沒有什麼進步，或者他所研發的新產品肯定軟弱無力，服務不了主流客戶，慢慢地，只能去做鄉鎮市場。

這也是一個失去創業能力的廣告公司的最後歸宿。

注釋：

很多「江湖前輩」，往日的高大上平臺消失了，他們離開了平臺，也就失去了平臺賦予的價值。人生總有起伏，但是老沉醉在往日的光環中，會對現在的市場缺少行動的魄力。其實他們的經驗是一筆財富，他們完全可以在新的賽道重新起步。

創意，
首先是敢於否定自己。

借視角

不要謙卑仰視，
要借用神之俯視

10

把一件事情做好的辦法，
就是不要崇拜。

導語：

你越仰視一個產業，

越容易被這個產業拿捏。

你越俯視一個產業，

越容易拿捏這個產業。

三流生意

> 最笨的人才做一年賺一次的生意。

一流的生意是每天都賺錢，就像水、電、煤氣。

二流的生意每個月都賺錢，就像每個月的電話費。

三流的生意，是以年為週期去賺錢。

最聰明的人都去做天天賺錢的生意，最笨的人才做一年賺一次的生意，就像廣告人。

然而，在這個笨人很多的產業裡面，你只要稍微聰明一點，很快就能跳出來了。

注釋：

哪怕是大牌導演，順利的話，平均兩、三年才有一部電影。一部電影的背後，是創作、製作、發行、行銷，一整個產業鏈。所以，近年來，中國股票市場已經很久沒有影視公司上市的消息了。

電影這個產業變數太大，風險完全不可控，今年你是超級大公司，可能明年你的幾部電影票房慘澹，就市值大跌了。所以，專業的投資銀行，基本上不涉足電影。前幾年，中國的首富是賣礦泉水的。

廣告白痴

> 人的記憶系統有兩套：
> 一套是主動記憶系統，
> 另一套是被動記憶系統。

主動記憶系統：當你喜歡一個人的時候，你的記憶會變得非常好，比如你父母的電話號碼；當你追求一個女孩子的時候，她的所有細節你都記得住，你甚至記得住她身上有幾顆痣。當你在運用主動記憶系統的時候，你的智商會達到一六〇。

被動記憶系統：當你看到廣告的時候，你啟動的就是被動記憶系統，你的智商只有六〇，這就是為什麼很多廣告看起來像白痴的原因。

注釋：

廣告都是被動記憶，所以廣告不能深奧，它必須以很淺顯的方式，和消費者的潛意識對話。

克服自卑

財富自由能克服自卑嗎？
據我觀察，不能。

你總會碰到比你強大很多的人，「財富自由」能讓你驕傲，但持續不到一秒。

真正克服自卑的方法只有三種：

第一，跳出遊戲規則，身在三界外，不在五行中。

第二，渡人渡己，多做點好事。當認可越多，獲得的「瓶頸」也越多。

第三，重新回到夢開始的地方，重新出發，創造新的成就，就這樣無限循環。

注釋：

一山還有一山高，在成功的時候，放鬆一下自己，以空杯心態看待世界。

不去討好

不要去討好消費者。
當你試圖討好消費者的時候，
你在他眼裡就會一文不值。

你把消費者當女神，女神就會把你當舔狗。

品牌一定要比消費者高那麼一點，當你高不了的時候，你就要採取饑餓行銷，製造出一種讓他得不到的痛苦。

人就是這樣的消費心理，越得不到，就越珍惜，你在他心中的地位就會越高。

注釋：

品牌和消費者是一種微妙的博弈遊戲，討好意味著放棄。

不要崇拜

| **把一件事情做好的辦法就是不要崇拜。**

當你崇拜一個女神的時候，你就永遠追不到她。

當你崇拜一個品牌的時候，你肯定會被它拿捏。

當你崇拜一個產業的時候，你就會被整個產業割韭菜。

只要你不崇拜他，你的心態就平和了，除魅了。

注釋：

崇拜是失敗的開始。如果一個球員在場上遇到對方的巨星，抱著崇拜的心態，那肯定踢不過。既然在一個平臺，那就要刺刀見紅，發揮最好的自己。

同樣，遇到知名的導師或專家的時候（看病除外），你的崇拜，也會被這些導師和專家無視。把自己做好了，人家才會尊重你，而不是靠低姿態的崇拜。

砍價徵兆

> **老闆要砍價的徵兆：**
> **一、談情懷**
> **二、談奮鬥史**
> **三、要你入股**

如果老闆上來就跟你談情懷、談抱負、談理想主義，你就做好要砍八折的準備。

如果老闆接下來談奮鬥史，講到動情處眼角泛著淚花，那麼他的底線就是五折。

如果你的老闆拍著你的肩膀說，兄弟，你入股吧，那他就是一分錢也不想出。

注釋：

創業階段，最想認識的人就是老闆。老闆裡面什麼人都有，一見面就真金白銀和你合作的，幾乎不可能。

我們要做的是分析自己的強項，做好自己的融資需求，管理好自己的合作預期。

一句話，讓你感覺不舒服的老闆，就不合作。

六個視角

從六個視角來判斷你的事業有沒有價值：
一、上帝視角
二、社會視角
三、經濟視角
四、文化視角
五、老闆視角
六、使用者視角

上帝視角：你做的事是不是歷史的炮灰？越是炮灰，越安全。

社會視角：你做的事是不是取代了某個產業？轉行越多，說明你的創新越大。

經濟視角：利潤越高，說明你的商業模式越先進。

文化視角：文化人越罵你，你的學術價值就越大。

老闆視角：你越沒有安全感，這份事業才越有樂趣。

使用者視角：我討厭你，但是我離不開你。

注釋：

很多人走著走著，就忘了自己的初心，懷疑自己的事業價值。

想想在廣袤的森林裡，在浩瀚的大洋上，在無盡的太空裡，一個能力很強的人，如果失去路徑的判斷，是多麼可怕的事。

三件武器

> 創業中男人最好用的三件武器，
> 百分之九十九的男人都有：
> 第一件武器是貧窮
> 第二件是自卑
> 第三件就是醜陋

貧窮意味著你沒有什麼東西可以失去，每往前走一步都是賺的。

只有自卑才能看清楚每一個高高在上的人的面孔，才能真切體會到人間冷暖。

只有醜男才沒有偶包，早戀真的很耽誤事。

注釋：

創業中的男人，擁有最低的起點，因此，他往上走的每一步，都是成功的路。成功之前，路上帶的東西越多，包袱就越重。

三重境界

> 人活著有三重境界：
> 被人羨慕
> 被人喜愛
> 被人尊敬

最低的境界就是被人羨慕，這很容易做到，只要有錢就可以了。

接著是被人喜愛，某位富二代出道，不就是想要從被人羨慕變成被人喜愛嗎？但是呢，從被人羨慕到被人喜愛，中間有一堵巨大的牆，這道牆叫作才華。

最高的境界，是被人尊敬。

注釋：

一般人都到不了最低境界，這證明了我們的創業難度。

如果你是一個有趣的好人，財富不多，一樣可以做到被人喜愛，受人尊敬。

四塊螢幕

人生就像四塊螢幕：
小時候你覺得自己像一部電影。
大學畢業了，發現自己演的是一齣又臭又長的電視劇。
中年的時候，你會覺得自己像電梯廣告。
退休了，你就像手機短影音，「唰」就過去了。

小時候你覺得自己像一部電影，你將呈現殿堂級的表演，自己的一舉一動都會讓觀眾們仰望。

大學畢業了，發現自己演的是一齣又臭又長的電視劇，你演你的，他看他的。

中年的時候，你會覺得自己像電梯廣告，你想大聲吶喊，卻被物業關掉了聲音，你的理想聽起來像是抱怨。

退休了，你就像手機短影音，你的一生在別人的手裡只有一秒，「唰」就過去了。

人生像一場沒有目標的旅程，很難描繪出人生路線圖，再多的設想也趕不上變化。

時間會給你殘酷的答案。為什麼有的人不如你，卻混得比你好？為什麼傻子也能遇到機會？在抱怨之前，把自己的每塊螢幕認真地看清楚。

三個貴人

> 每個創業者生命裡都有三個貴人：
> 第一個貴人叫作偶像
> 第二個貴人叫作伯樂
> 第三個貴人叫作債主

偶像。雷軍看到賈伯斯的矽谷之火後整夜不睡覺，最後成就了「雷伯斯」。我的貴人第一步就選錯了，選了梵谷。

伯樂。他能找到你被自己忽略的優點。我剛來北京的時候，想找一份每月收入三千元的工作，伯樂讓我去做導演，說我有做導演的天賦，結果真的改變了我的命運。

債主。欠得越多，成就越大，能力釋放得越強，小目標是先欠他幾個億。這方面我就是不太行，所以目光短淺，只能幹點現金流正向的小生意。

注釋：

在生活中，創業者的三個貴人：生命來自父母，情感來自另一半，理想寄託在下一代。

人才心經

| 人才的區別：

上等人才，先知先覺，審時度勢，借力打力。

中等人才，自知自覺，自己失敗，自己爬起。

下等蠢材，不知不覺，自找麻煩，頑固不化。

注釋：

任何年代都不缺人，但是缺人才，即使競爭激烈的產業，人才高度飽和，
但依然是增強產品力、增強傳播力的重要基石。

投資就是投人，看人是投資者最重要的事。

成功之前，
路上帶的東西越多，
包袱就越重。

要感謝的人

| 一生中最應該感謝的七個人：

一、借錢不還的人，他教會你有了難處，可以放下尊嚴。

二、永遠遲到的人，他教會你不要太自戀，你認為重要的事其實根本不重要。

三、背後說你壞話的人，他教會你不要去討好所有人，因為總會有人對你不滿意。

四、橫刀奪愛的人，他教會你如何面對失去，因為所有愛都可以失去，而且終將失去。

五、嘲笑你的人，他教會你要臉皮厚，因為這是你一生都要修煉的功課。

六、愛占小便宜的人，他教會你評估實踐的價值，小人占小便宜，大人占大便宜。

七、經常誇獎你的人，這種人善於表達鼓勵和感謝。

創業的路上，會遇到形形色色的人，要感謝給你人生第一筆生意的人，要
感謝讓你第一次感到屈辱的人，要感謝危難時刻在你身邊的人，要感謝第
一個成為你員工的人，要感謝第一個愛你的人……

借錢不如借勢
借錢要還
借勢不用還

Eurasian Publishing Group
圓神出版事業機構
用心與你對話・視野無限寬廣

先覺出版社
Prophet Press

www.booklife.com.tw　　　　　　reader@mail.eurasian.com.tw

商戰系列 230

借勢：社群時代，人人都該學的引爆流量法則

作　　　者／金槍大叔
發 行 人／簡志忠
出 版 者／先覺出版股份有限公司
地　　　址／臺北市南京東路四段50號6樓之1
電　　　話／（02）2579-6600・2579-8800・2570-3939
傳　　　真／（02）2579-0338・2577-3220・2570-3636
副 社 長／陳秋月
主　　　編／李宛蓁
責任編輯／劉珈盈
校　　　對／劉珈盈・朱玉立
美術編輯／蔡惠如
行銷企畫／陳禹伶・黃惟儂
印務統籌／劉鳳剛・高榮祥
監　　　印／高榮祥
排　　　版／莊寶鈴
經 銷 商／叩應股份有限公司
郵撥帳號／18707239
法律顧問／圓神出版事業機構法律顧問　蕭雄淋律師
印　　　刷／祥峰印刷廠
2022 年 12 月　初版
2024 年 9 月　4 刷

原著作名：《借勢：以弱勝強的128條黃金法則》
作者：金槍大叔
本書由天津磨鐵圖書有限公司授權出版
限在全球，除中國大陸地區外發行
非經書面同意，不得以任何形式任意複製、轉載

定價 330 元　　　　ISBN 978-986-134-442-3

現在做品牌要懂得如何抓住人性的痛點。

這個時代的廣告，不僅僅要跟競品競爭，還要跟頭條、熱搜、短影音
等競爭消費者有限的注意力，因此品牌宣傳必須想盡辦法，快速吸引
消費者的眼球，占領他們的心智。

──金槍大叔《借勢》

◆ **很喜歡這本書，很想要分享**

圓神書活網線上提供團購優惠，
或洽讀者服務部 02-2579-6600。

◆ **美好生活的提案家，期待為您服務**

圓神書活網 www.Booklife.com.tw
非會員歡迎體驗優惠，會員獨享累計福利！

國家圖書館出版品預行編目資料

借勢：社群時代，人人都該學的引爆流量法則／金槍大叔著.
-- 初版. -- 臺北市：先覺出版股份有限公司，2022.12
  304 面；14.8×20.8公分 --（商戰系列；230）

  ISBN 978-986-134-442-3（平裝）
  1.品牌　　2.品牌行銷　　3.廣告策略
496　　　　　　　　　　　　　　　　　111017125

不要自力謀生，要借用萬物

趨勢　不要創造認
借萬物　要借用認知

要相信永生，要借用週期

不要追求理性，要借用感性　借定勢

感性

借對手

不要謙卑仰視，要借用視

不要拚盡體力，
要借用腦力

借視

不要討好鐵粉，要借用黑粉

借槓桿

不要

要

借偏見

不要突出優點，
要借用缺點

借智慧

不要自力謀生，要借用萬物

借趨勢

不要

之俯視

借萬

角借

不要相信永生，要借用週期

重共識，

借雜音

偏見

不要追求理性，要借用感性

借感性

借定勢 不要創造認知，
要借用認知

不要相
借用週

要謙卑仰視，要借用神之俯

對手

竭盡體力，
用腦力

借視角

不要討好鐵粉，要借用黑粉

不要尊重共識，
要借用偏見

項目標

借偏見

要突出優點，
借用缺點

智慧

不用在意
要借用雜